Alte Feuerwehren 1

30-2
Freiwillige Feuerwehr
Der Stadt Weiden
DIESEL
WEN 211

Udo Paulitz

Alte Feuerwehren

Mercedes-Benz, Ford, Opel

Weltbild

Bild Seite 2: Eine hervorragend restaurierte Kraftfahrdrehleiter mit 26 m Auszugslänge vom Typ Mercedes-Benz LoD 3750 steht am Anfang dieses Bildbandes. Die Drehleiter wurde im Jahr 1941 an die Feuerwehr Weiden geliefert und stand dort viele Jahre im Einsatzdienst. Später wurde sie von Grund auf überholt, in einen nahezu neuwertigen Zustand zurückversetzt und als funktionsfähiges Museumsfahrzeug erhalten. Der Leiterwagen wurde im Juni 1987 vor der Weidener Stadtwache aufgenommen.

Genehmigte Lizenzausgabe für Verlagsgruppe Weltbild GmbH, Steinerne Furt, 86167 Augsburg

Titel der Originalausgabe: Paulitz, Alte Feuerwehren
Lektorat und Herstellung: Siegfried Fischer, Stuttgart
Umschlaggestaltung: Atelier Lehmacher, Friedberg (Bay.)
Gesamtherstellung: Firmengruppe APPL, aprinta druck, Wemding
Printed in the EU

2012 2011 2010 2009
Die letzte Jahreszahl gibt die aktuelle Lizenzausgabe an.

Vorwort/Einleitung

Feuerwehrfahrzeuge haben zwar mit den entsprechenden Lastwagentypen die Fahrgestelle gemeinsam; sie unterscheiden sich von diesen aber nicht nur durch ihre rote Lackierung! Es ist vielmehr eine geschlossene Gruppe von Sonderfahrzeugen, die ausschließlich Aufgaben im Rahmen der Brandbekämpfung und Hilfeleistung erfüllt. Aufbau und Ausrüstung dieser Spezialfahrzeuge werden in der Regel von besonderen Firmen für Feuerwehraufbauten betrieben. Diese Gruppe gesondert darzustellen, bot sich geradezu an.

Dieser Band befaßt sich mit Feuerwehrfahrzeugen unterschiedlicher Verwendungszwecke, die auf Fahrgestellen der Lastwagenhersteller *Daimler-Benz, Ford* und *Opel* errichtet wurden. In zeitlicher Hinsicht liegt der Schwerpunkt eindeutig auf der Nachkriegsepoche, der durch die allgemeine Einführung von Frontlenkern im Feuerwehrfahrzeugwesen Ende der sechziger Jahre nach oben hin abgegrenzt wird. Markante und für die Fahrzeugentwicklung typische Vertreter aus den zwanziger und dreißiger Jahren aber fehlen in diesem Buch ebensowenig wie die richtungsweisenden, vereinheitlichten Konstruktionen aus der Zeit des Dritten Reiches. Auf die Darstellung firmengeschichtlicher Daten wurde bewußt verzichtet. Auch soll dieses Werk nicht als Typenbuch aller auf diesen Fahrgestellen gebauten Feuerwehrfahrzeuge verstanden werden.

Jedes Fahrzeug wird in einer großformatigen, ganzseitigen Farbaufnahme gezeigt. Ausführliche Bildtexte, deren Inhalt sich nicht nur auf den Aufbau und die feuerwehrtechnischen Einzelheiten beschränkt, sondern – und das ist eine Besonderheit – gleichzeitig auch Auskünfte über die Entwicklung der jeweiligen Fahrgestelle und ihrer wichtigsten technischen Daten gibt, sollen den Leser möglichst umfassend informieren. Soweit bekannt, werden auch Beschreibungen und Details der Geschichte einzelner Fahrzeuge, z. B. der Stationierung, gegeben.

Neben den Standardmodellen der Feuerwehren ist auch so manches Fahrzeug abgebildet, das als Sonder- oder Einzelanfertigung oder auch als Eigenumbau durch Wehren selbst entstanden ist. Bei dieser Gelegenheit soll erwähnt werden, daß sich alle hier gezeigten Fahrzeuge in dem Bau- und Ausrüstungszustand präsentieren, in dem sie zum Zeitpunkt der Fotoaufnahmen angetroffen wurden. Da Feuerwehrfahrzeuge im Laufe ihrer langen Einsatztätigkeit oftmals kleineren oder größeren Umbauten unterworfen waren, entsprechen sie in vielen Fällen nicht mehr dem von Werkaufnahmen her bekannten Originalzustand, in dem sie seinerzeit in Dienst gestellt wurden. Gerade aber dieser Zustand dürfte den meisten Lesern aus früheren Veröffentlichungen der Feuerwehrliteratur bekannt sein. In einigen Fällen werden auch Fahrzeuge auf Fahrgestellen genannter Hersteller vorgestellt, die bei österreichischen und Schweizer Wehren in Dienst gestanden haben oder auch heute noch stehen. Bei der Bildauswahl wurde großer Wert darauf gelegt, möglichst nur Fahrzeuge zu zeigen, deren Abbildungen bisher noch nicht an die Öffentlichkeit gelangten.

Sämtliche gezeigten Aufnahmen wurden von mir seit 1980 selbst aufgenommen. Seit dieser Zeit habe ich weit über 3 000 verschiedene ältere Feuerwehrfahrzeuge aller Art im Bilde festgehalten, die bei mehr als 1 600 Wehren des Bundesgebietes, Österreichs, der Schweiz und in geringerem Maße auch Belgiens und der Niederlande fotografiert werden konnten. Seit Beginn meiner Reisetätigkeit legte ich dabei über 140 000 Fahrkilometer – den weitaus größten Teil mit meinem »legendären« grünen Opel Kadett – zurück.

Wenn so oft davon die Rede ist, daß manche Fahrzeuge bis vor kurzer Zeit im Einsatz standen bzw. teilweise selbst heute noch zuverlässig ihren Dienst versehen, so soll damit in keinem Fall eine Abwertung oder gar Rückständigkeit der in den Bildtexten genannten Wehren angedeutet oder ausgesprochen werden. Ganz im Gegenteil, in der heutigen Wegwerfgesellschaft, wo scheinbar nur das Allerneueste einen Stellenwert besitzt, ist es für mich immer wieder wohltuend zu hören und zu sehen, wie sehr die Feuerwehren ihre Fahrzeuge und Geräte hegen, pflegen und trotz teilweise hohen Alters mit großem Engagement und Stolz einsatzfähig erhalten. Den meisten Fahrzeugen kann man dieses Alter nicht ansehen und in punkto Verarbeitungsqualität und Robustheit übertreffen diese Veteranen moderne Konstruktionen oft erheblich. Außerdem habe ich fast nirgendwo ein älteres Einsatzfahrzeug angetroffen, das sich nicht in einem optimalen inneren und äußeren Zustand befand.

Obwohl ich mich als Liebhaber alter Feuerwehren naturgemäß mit diesen besonders verbunden fühle, möchte ich an der Realität nicht vorbeigehen und eingestehen, daß die Modelle der fünfziger und teilweise auch der sechziger Jahre heutzutage in vielen Einsatzbereichen an der Grenze ihrer Leistungsfähigkeit angelangt sind bzw. überfordert wären, würde man sie noch auf den Gebieten einsetzen, für die sie seinerzeit beschafft wurden. Ein besonders krasses Beispiel: ein FLF 25 dürfte wohl kaum einem größeren Flugzeugbrand, selbst eines nur mittelgroßen Düsenverkehrsflugzeuges, geschweige denn eines »Jumbos« gewachsen sein. Aber für solche Großflugzeuge wurde das FLF 25 auch nicht gebaut, denn die gab es in den fünfziger Jahren noch gar nicht. Ähnlich sieht es bei Kranfahrzeugen (z. B. RKW 7 oder 10) und auch bei anderen Fahrzeuggattungen aus, denn im Laufe der Zeit sind die Anforderungen an die Feuerwehren und deren vielfältige Aufgaben so enorm gewachsen, daß man ohne moderne und leistungsfähige Einsatzfahrzeuge überhaupt nicht auskommen würde. Dies gilt im besonderen Maße für Spezialfahrzeuge.

Ein Mercedes-Benz TLF 16 von 1958, das Mitte der siebziger Jahre bei einer Großstadtwehr durch ein neues, leistungsfähigeres Fahrzeug ersetzt wurde, ist aber durchaus in der Lage, einer kleineren Wehr oder dem Löschzug eines Außenbezirks noch viele Jahre als vollwertiges Einsatzfahrzeug zu dienen, da für diese Zwecke die Leistungen im allgemeinen ausreichen. Genügen die Fahrzeuge dem ursprünglich zugedachten Zweck nicht mehr, werden sie vielerorts für andere Aufgaben umgebaut und weiter eingesetzt. Manchmal wechseln sie auch mehrfach den Besitzer. Hunderte Fälle aus der Praxis können dies belegen. Es ist daher völlig abwegig, diese Fahrzeuge – wie z. B. vor einiger Zeit in einem unqualifizierten Bericht einer Boulevardzeitung zu lesen war – als »veraltete Museumsschätzchen« zu bezeichnen, denn alt braucht noch lange nicht veraltet zu bedeuten! Diese Denkweise ist leider

typisch für die heutige Zeit. Die zuverlässige Einsatzbereitschaft der Fahrzeuge ist bei den Feuerwehren in jedem Fall gewährleistet, gleichgültig, ob mit neuem oder älterem Gerät gearbeitet wird.
Bei meinen vielen Gesprächen mit Wehrmännern war fast nur Positives über die älteren Feuerwehrfahrzeuge zu erfahren. Ich sehe keinen Grund, diese Aussagen anzuzweifeln und kann mir nicht vorstellen, daß man mir – trotz der gewiß vorhandenen nostalgischen Begeisterung bei den Wehren – überall einen Bären auf binden wollte.
Mein umfangreiches Bildarchiv hätte – trotz des großen Einsatzes, der in der Vergangenheit fast meine ganze Freizeit in Anspruch nahm – nie entstehen können, wäre mir nicht von nahezu allen angesprochenen Feuerwehren, Sammlern, Personen und sonstigen Stellen so viel Hilfsbereitschaft und Verständnis für mein Anliegen entgegengebracht worden. Dabei muß berücksichtigt werden, daß doch viele der nicht mehr im Dienst stehenden Fahrzeuge sich in einem nicht fahrbereiten Zustand befanden. Mit »Tor auf, starten und rausfahren« war es vielfach nicht getan, denn es bedurfte oftmals mehr oder weniger umfangreicher Vorbereitungen, wobei z. B. das Einbauen von Batterien oder das Fremdstarten zu den leichteren Arbeiten zählte. Schwieriger wurde es schon, wenn sich das Fahrzeug nicht mit Motorkraft bewegen ließ und ans Tageslicht – ich fotografiere wegen der schlechteren Bildergebnisse niemals in geschlossenen Räumen und bei Kunstlicht – geschoben werden mußte. Je nach Gewicht und Größe des Fahrzeugs und der örtlichen Verhältnisse (schon leicht abschüssige Einfahrten erschwerten die Angelegenheit erheblich) waren bis zu 10 Helfer zum Schieben vonnöten oder es mußte ein geeignetes Fahrzeug mit Schleppstange zur Verfügung stehen, was oft nicht der Fall war. Meist half dann nur Improvisation und Einfallsreichtum weiter, denn mein Problem war die knappe Zeit, da mir andere Terminvereinbarungen im Nacken saßen: Bauern mußten mit ihren Ackerschleppern vom Feld oder Hof geholt werden, Radlader, Gabelstapler und ähnliche Gefährte besorgt, geeignete Fahrer (viele der älteren Fahrzeuge bedurften eines geübten Spezialisten, um das gute Stück überhaupt in Gang zu bekommen) in der Umgebung gesucht oder Garagen und Scheunen ausgeräumt werden. Bei einer Wehr war es erforderlich, eine komplette Wohnungseinrichtung aus dem Weg zu schaffen, mit der das Fahrzeug, das sich seit Jahren nicht mehr im Einsatz befand, zugestellt worden war. Zum Glück hatte man die Schränke in Einzelteile zerlegt! Manchmal wurden zum Schieben sogar Passanten von der Straße angeheuert und in einem Fall half sogar – übrigens mit großer Begeisterung – eine ganze Schulklasse, die auf einen Bus wartete. Die Berufsfeuerwehr Salzburg stellte eine komplette Löschgruppe (9 Mann) inkl. Fahrzeug als Schleppwagen zur Verfügung, um einige Museumsfahrzeuge bewegen zu können. Andere Wehrmänner opferten ihre Freizeit, um Erkundigungen über weitere fotografierenswerte Objekte der Umgebung anzustellen oder fuhren als Lotsen mit Privatfahrzeugen voraus oder in meinem Wagen mit, um als Ortskundige bei der Standortsuche behilflich zu sein.
Diese interessanten Begebenheiten würden mit Sicherheit ein ganzes Buch füllen, wollte man sie alle aufführen!
Den unzähligen Helfern, denen ich wegen der Vielzahl als Zeichen des Dankes meist nur die Hand drücken konnte, sei an dieser Stelle nochmals herzlich gedankt. Ohne ihre Unterstützung hätte auch das vorliegende Buch nicht entstehen können.
Sofern sich Fehler oder Irrtümer – die sich leider nie ganz vermeiden lassen – in dieses Buch eingeschlichen haben, bitte ich um Richtigstellung. Ebenso würde ich mich sehr freuen, neue, mir bisher unbekannte Standorte älterer Feuerwehrfahrzeuge oder auch Lastkraftwagen (Obergrenze ca. Baujahr 1965) auf diesem Wege zu erfahren. Bitte schreiben Sie mir, wenn Sie Kenntnis von solchen Objekten haben.
Allen Lesern – seien es nun Feuerwehrinteressierte, Modellbauer oder Fahrzeugliebhaber – wünsche ich viel Freude an dieser Lektüre.

Udo Paulitz
Braunsberger Weg 69, 47279 Duisburg-Wedau

Das hier abgebildete Prachtexemplar entdeckte der Autor im Januar 1981 bei der niederländischen Feuerwehr Venlo. Es handelt sich um eine 25-m-Abprotzleiter der Firma Metz auf einem Fahrgestell Daimler DC 3 dF. Das 1924 gebaute Lafettenfahrzeug verfügt über eine Vierzylinder-Vergasermaschine mit 55 PS Leistung bei 1200 U/min und 7230 cm^3 Hubraum. Es konnte damit 30 km/h Höchstgeschwindigkeit erreichen. Abprotzleitern entstanden aus dem Wunsch und Sparbestreben der Feuerwehren, noch vorhandene ältere Einachs-Holzleitern weiterverwenden zu können. Zum Transport wurde die Leiter heckseitig aufgeschoben. Dieser Leitertyp, der einige Vorteile bei besonders enger und hoher Bebauung bot, stand im allgemeinen bis in die dreißiger Jahre – vereinzelt auch noch länger – im Dienst.

Freiw. Feuerwehr
Hilden

Die Feuerwehr Hilden ist Eigentümer einer sehr gut restaurierten und instandgehaltenen Autospritze vom Typ Mercedes-Benz LS 2000 (links), die von einem 55 PS starken Sechszylinder-Vergasermotor angetrieben wird. Damit erreicht das mit einer 1200-l-Pumpe ausgerüstete Feuerwehrfahrzeug eine Höchstgeschwindigkeit von 50 km/h. Die 1930 gebaute, offene Autospritze ist bereits mit quer zur Fahrtrichtung angeordneten Sitzen ausgestattet. Der Wagen stand noch bis 1946 im Einsatz und ist heute auf vielen Feuerwehrveranstaltungen eine Hauptattraktion. Die Aufnahme entstand im Oktober 1980.

Baujahr 1932 ist die oben abgebildete Metz-Autospritze LF 12 vom Typ Mercedes-Benz Lo 2000, die der Autor im August 1982 bei der Feuerwehr Baiersdorf fotografierte. Die Bezeichnung LF 12 bedeutet, daß die Feuerlöschpumpe des Fahrzeugs 1200 l Wasser pro Minute fördern kann. Die Leistung des Vierzylinder-Vergasermotors beträgt 55 PS bei 2000 U/min und einem Hubraum von 3770 cm³. Als Besonderheit und später angebrachtes Requisit sei die Sirene auf dem rechten Kotflügel erwähnt.

Hier zwei schmucke Mercedes-Benz-Drehleitern der mittleren Leistungsklasse mit unterschiedlicher Geschichte. Oben eine Metz DL 17 auf Lo-2000-Fahrgestell von 1939, die von einem Vierzylinder-Vergasermotor (60 PS) angetrieben wird, der 4560 cm^3 Rauminhalt besitzt. Ursprünglich gehörte die Drehleiter der Landesfeuerwehrschule Münster; sie wurde Ende der sechziger Jahre an einen Malerbetrieb verkauft und landete schließlich bei einer Düsseldorfer Autoverwertung, wo der Autor sie entdeckte. Ein Alpener Privatsammler erwarb und restaurierte den seltenen Feuerwehrwagen. Dort wurde das Fahrzeug auch im Mai 1988 aufgenommen. Von ähnlichem Aussehen ist die gegenüberliegende, auf einem Lo 2500 aufgebaute Metz DL 24, die 1934 an die Feuerwehr Lörrach geliefert wurde. Das 55 PS starke Fahrzeug war ursprünglich offen ausgebildet, erst in den fünfziger Jahren erhielt die Drehleiter ihr heutiges Aussehen. Später wurde die Leiter an eine ansässige Werkfeuerwehr veräußert, vor einigen Jahren aber von der Lörracher Feuerwehr zurückerworben, die den Wagen als Museumsfahrzeug erhält. Die Drehleiter nahm im September 1988 am Ettlinger Feuerwehrtreffen teil.

FREIW. FEUERWEHR
LÖRRACH
LÖ 04163

Bei der Werkfeuerwehr Fichtel & Sachs, Schweinfurt, konnte der Autor 1982 oben abgebildete Mercedes-Benz Lo 3000 DL 25 mit Metz-Aufbau aus dem Jahre 1935 fotografieren. Da die Leiter voll funktionsfähig war, kann man davon ausgehen, daß das Fahrzeug bei Bedarf noch auf dem Werksgelände eingesetzt wurde. Ein Vierzylinder-Vergasermotor mit 65 PS Leistung bei einem Hubraum von 4940 cm³ beschleunigte das Fahrzeug auf ca. 50 km/h. Manche Teile des offen ausgeführten Wagens entsprechen allerdings nicht mehr dem Originalzustand.

Im Jahre 1939 wurde diese Mercedes-Benz LD 3000 Metz-Drehleiter mit 25 m Auszugslänge an die Feuerwehr Emmendingen geliefert. Dort stand der Veteran – noch weitgehend dem Ablieferungszustand entsprechend – auch im Juli 1983 als Reserveleiter im Einsatzdienst. Der Leiterwagen verfügt über einen Vierzylinder-Dieselmotor, der 70 PS bei 2000 U/min und 4850 cm^3 Hubraum leistet. Das Gesamtgewicht beträgt 6,6 t und der Kraftstoffverbrauch ca. 20 l Diesel auf 100 Kilometer.

Werkfeuerwehr
Enka AG.
Werk Oberbruch
GK-A 321

Ab Mitte der dreißiger Jahre wurden vor allem für Luftschutzaufgaben, aber auch für die Feuerwehren, Kraftfahrdrehleitern mit 26 m Auszugslänge auf unterschiedlichen Fahrgestellen von Mercedes-Benz und Magirus-Deutz in größeren Stückzahlen beschafft. Obwohl die meisten dieser formschönen Fahrzeuge in der Vergangenheit verschrottet worden sind, hat doch so manches Exemplar bis in die heutige Zeit überlebt. Ganz vereinzelt befanden sich diese Drehleitern sogar noch Anfang der achtziger Jahre im Dienst, wie die links gezeigte Metz DL 26 auf Mercedes-Benz LoD 3500 aus dem Jahre 1935 beweist. Noch im Oktober 1981 gehörte sie zum Bestand der Werkfeuerwehr Enka AG, Oberbruch, und befand sich als Einsatzfahrzeug in einem hervorragenden Pflege- und Unterhaltungszustand. Der Sechszylinder-Dieselmotor dieses Fahrzeugs leistet 95 PS und gestattet eine Höchstgeschwindigkeit von 60 km/h. Oben im Bild eine DL 26 auf LoD-3750-Chassis von 1936, das bereits die 100-PS-Maschine mit 7270 cm^3 Hubraum besitzt. Die Metz-Leiter war ursprünglich bei der Berufsfeuerwehr Lübeck beheimatet und gelangte nach Außerdienststellung zu einem Fahrzeugsammler aus Oldenburg, der mit dem inzwischen restaurierten Wagen des öfteren zu Treffen fährt. So auch im September 1983 nach Bad Laer, wo diese Aufnahme entstand.

In den Abmessungen fast mit einem LF 25 vergleichbar ist diese Kraftfahrspritze mit 1500-l-Pumpe (KS 15) von 1938, die von der Feuerwehrausrüstungsfirma Metz auf einem Mercedes-Benz-Fahrgestell LoD 3750 aufgebaut wurde. Die Aufnahme entstand im Juli 1988 bei der Feuerwehr Waldshut, wo das Fahrzeug auch von Anfang an stationiert war. Der mit einer Vorbaupumpe ausgerüstete Wagen wird von der Sechszylinder-Dieselmaschine OM 67/3 mit 100 PS Leistung bei 2000 U/min. angetrieben, die über 7274 cm³ Hubraum verfügt. Damit kann der 9 t schwere Feuerwehrwagen auf 63 km/h beschleunigt werden.

Diese Kraftfahrspritze (KS) 15 auf Mercedes-Benz LoD 2750 von 1938, die mit einem Metz-Aufbau versehen ist, gehörte anfänglich der Feuerwehr Hof und wurde später an die Feuerwehr Oberkotzau abgegeben, wo sie bis 1976 Dienst tat. Anschließend gelangte das nach dem Kriege als LF 15 bezeichnete Fahrzeug in Besitz eines Hofer Brauereibetriebs. Im Juni 1987 entdeckte der Autor das Fahrzeug zufällig auf einem Stadtfest, wo es als Werbefahrzeug eingesetzt wurde. Bei dem darauffolgenden Fototermin konnte zumindest ein Teil der Werbung entfernt werden.

Service d'incendie
LA CALAMINE

Schon zu den vereinheitlichten Löschfahrzeugen des Dritten Reiches gehört dieses »Leichte Löschgruppenfahrzeug (LLG)« auf Mercedes-Benz L 1500 S von 1940. Der vom Reichsinnenministerium entwickelte Typ war in der damals üblichen »polizeigrünen« Lackierung geliefert worden. Das links abgebildete Fahrzeug verblieb nach Kriegsende in Belgien und wurde nach Aussonderung aus dem aktiven Dienst als Museumsfahrzeug der belgischen Feuerwehr La Calamine wieder mattgrün lackiert. Der 1937 entwickelte Typ L 1500 erhielt ab 1940 die 60-PS-Maschine des Nachfolgemodells L 1500 S und wurde auch unter dieser Bezeichnung angeboten. Das abgebildete Fahrzeug konnte im März 1984 fotografiert werden.

Das Reichsluftfahrtministerium (RLM) beschaffte ab 1937 Kraftzugspritzen (KzS) 8, die auf Opel-Blitz 1/1,5-t-Fahrgestelle aufgebaut wurden. Diese Bauart wurde auch an kommunale Feuerwehren geliefert, die das Chassis des Mercedes-Benz L 1500 verwendeten. Die Fahrzeuge konnten eine Löschgruppe, bestehend aus einem Führer und acht Mann, aufnehmen. Aus Platzmangel mußte die 800-l-Feuerlöschpumpe auf einem einachsigen Tragkraftspritzenanhänger (TSA) befördert werden. Hier abgebildet ein Mercedes-Benz L 1500 von 1937, welcher der Stuttgarter Feuerwehr angehörte und im September 1988 beim Ettlinger Feuerwehrtreffen fotografiert wurde.

Feuerwehr
112
FEUERWEHR
DOLLERUP
FL 2034

Ab 1941 wurde das »Leichte Löschgruppenfahrzeug (LLG)« auf dem verbesserten Mercedes-Benz 1,5-t-Fahrgestell L 1500 S in großen Stückzahlen bis 1943 gefertigt. Im Gegensatz zum Typ L 1500 war der L 1500 S mit größerer Bodenfreiheit und kürzerem Radstand ausgebildet, was die Geländegängigkeit verbesserte. Das LLG beförderte die komplette Löschgruppe; die 800-l-Pumpe und ein Teil der Ausrüstung mußten allerdings weiterhin aus Gewichtsgründen im Tragkraftspritzenanhänger (TSA) untergebracht werden. Der L 1500 S war mit einer Sechszylinder-60-PS-Vergasermaschine mit 2594 cm^3 Hubraum motorisiert. Ab 1943 erhielt das LLG die Bezeichnung LF 8. Auf diesen Seiten zwei Gespanne mit TSA: rechts ein liebevoll restauriertes Exemplar in der damals üblichen »polizeigrünen« Lackierung von 1943, das zuletzt der Feuerwehr Markdorf angehörte und von der Firma Nowack/Bautzen aufgebaut wurde. Die Aufnahme entstand im September 1988 beim Ettlinger Feuerwehrtreffen. Daneben ein Fahrzeug im nachkriegsüblichen Anstrich, das im August 1986 – nach 43 Jahren – bei der Feuerwehr Dollerup bei Flensburg noch voll im Einsatz stand. Der 1943 gebaute Wagen ist mit einem Rosenbauer-TSA gekoppelt.

Auf dem 1,5-t-Fahrgestell des Mercedes-Benz L 1500 S wurden auch handbetriebene »Leichte Drehleitern (LDL)« mit 17 m Steighöhe von den Firmen Metz und Magirus aufgebaut. Von 1941 bis 43 kam auch die hier abgebildete verbesserte Ausführung des L 1500 S mit dem kürzeren 3-m-Radstand zur Auslieferung, die offensichtlich überwiegend mit Metz-Leitern versehen wurde. Diese DL 17 von 1941 stand zuletzt bei der Feuerwehr Bühl bis 1979 im Einsatz. Dort konnte das Fahrzeug im August 1982 auch fotografiert werden.

Rechts nochmals ein LLG/LF 8 auf Mercedes-Benz L 1500 S, Ausführung F mit Aufbau der österreichischen Firma Rosenbauer, das sich im April 1984 bei der Feuerwehr Schrattenthal/Niederösterreich noch im Einsatz befand. Selbst heute noch (1990) stehen diese Fahrzeuge bei kleinen Wehren vereinzelt »ihren Mann«. Die Vorbaupumpe wurde nach Kriegsende angebracht. Dadurch konnte auf den unbeliebten Tragkraftspritzenanhänger verzichtet werden.

FEUERWEHR
FREIW. FEUERWEHR
DER STADT
SCHRATTENTHAL
FEUERWEHR
NOTRUF 122
N 37.377

Feuerschutzpolizei
GER-0455

Von 1940 bis 43 wurde für die vereinheitlichten »Schweren Löschgruppenfahrzeuge (SLG)« auch das 3-t-Fahrgestell des Mercedes-Benz L 3000 S (Ausführung F) in großen Stückzahlen verwendet. Die Montage von Feuerwehraufbauten auf diesem Fahrgestell wurde im Laufe des Jahres 1943 eingestellt und die Produktion dieses Typs zugunsten des Opel-Blitz-3-t aufgegeben. Ab 1943 wurden die SLG einheitlich als LF 15 bezeichnet.

Links im Bild ein von Grund auf restauriertes LF 15 von 1942 in der damals vorgeschriebenen dunkelgrün/schwarzen Lackierung, die dem Anstrich der Polizeifahrzeuge entsprach. Der Aufbau stammt vom Daimler-Benz-Werk Sindelfingen. Im Juni 1988 transportierte man das dem Daimler-Benz Werkmuseum gehörende Fahrzeug auf einem Anhänger zum Nutzfahrzeugtreffen nach Castrop-Rauxel, wo es vom Publikum gebührend bewundert wurde. Oben ein im August 1985 bei der Werkfeuerwehr des Textilunternehmens van Delden (Ochtrup) noch im Dienst befindliches LF 15 von 1943. In einigen Ausstattungsdetails entspricht das Fahrzeug nicht mehr dem Originalzustand. Optisch ansprechend sind die seitlich angebrachten Chromstreifen.

Der rund 7 t schwere L 3000 S wurde von einem Vierzylinder-Vorkammer-Dieselmotor mit 4850 cm³ Hubraum und 75 PS Leistung angetrieben, die das Aggregat bei 2250 U/min erzielte. Die Besatzung bestand aus einer Löschgruppe. Neben verschiedenem Löschgerät verfügt das SLG/LF 15 über eine heckseitig eingebaute 1500-l-Feuerlöschkreiselpumpe und einen 400 l fassenden Wasserbehälter, der selbst bei kleinen Bränden als kaum ausreichend angesehen werden konnte. Ein weiteres schönes Fahrzeug im feuerrot/schwarzen Anstrich der Nachkriegszeit ist das LF 15 von 1942 links im Bild, ebenfalls mit einem Daimler-Benz-Aufbau versehen. Der Wagen diente zuletzt der Feuerwehr Harrisleefeld und wurde von einem Sammler wieder hergerichtet. Im August 1983 erschien das Fahrzeug zum Feuerwehrtreffen in Schwarzenbeck. Obwohl die Masse der SLG auf L-3000-S-Fahrgestellen von Metz und Daimler-Benz gefertigt wurde, kamen vereinzelt auch andere Hersteller zum Zuge. So auch bei dem gegenüberliegend abgebildeten Exemplar der Feuerwehr Werther von 1941, das einen Meyer-Hagen-Aufbau erhalten hat, der sich deutlich von den anderen Aufbauten unterscheidet. Die Abbildung entstand im Mai 1988 in Wiedenbrück.

Freiw. Feuerwehr
Kösching
Feuerwehr
112
31/1
IN AD 349

Aus dem Mercedes-Benz L 3750 wurde der 4,5-Tonner L 4500 S entwickelt, indem man das Fahrgestell auflastete und mit einer stärkeren Maschine versah. In der Kriegsausführung von 1941 bis 44 gebaut leistete der Sechszylinder-Diesel mit 7270 cm³ Hubraum 112 PS bei 2250 U/min. Das Fahrzeug war etwa 65 km/h schnell und hatte ein zulässiges Gesamtgewicht von rund 10 t. Ab 1942 wurde das Fahrgestell auch für vereinheitlichte »Schwere Drehleitern (SDL)«, ab 1943 als DL 22 bezeichnet, verwendet. Die Aufbauten erfolgten überwiegend von Magirus in Ulm. Ein großer Teil der Drehleitern stand noch viele Jahre nach Kriegsende im Einsatzdienst – vereinzelt selbst bis in die achtziger Jahre. Zwei Beispiele sollen dies belegen: links ein L 4500 F (Feuerwehr-Ausführung) mit Magirus-Leiter von 1944. Noch im August 1985 befand sich das Fahrzeug bei der Feuerwehr Kösching b. Ingolstadt im Einsatz. Dem Vernehmen nach soll der Feuerwehrwagen nicht mehr im Dienst stehen, sondern von einem Sammler erhalten werden. Ein baugleiches Fahrzeug von 1943 ist auf der obigen Abbildung zu sehen, das im August 1982 bei der Feuerwehr Neu-Ulm angetroffen wurde. Die Scheinwerfer sind schon neuerer Fertigung. Heute ist diese Drehleiter sicherlich schon ausgesondert.

Löschgruppenfahrzeuge mit Pumpenleistungen von 2500 l/min wurden ab 1936 vom Reichsluftfahrtministerium beschafft. Die Fahrzeuge wurden als Kraftfahrspritzen (KS) 25 bezeichnet. Dieser schwere Typ war auch unter der Bezeichnung »Großes Löschgruppenfahrzeug (GLG)« in den 1940 vom Reichsinnenministerium erlassenen »Anordnungen über den Bau von Feuerwehrfahrzeugen« enthalten, die der weiteren Vereinheitlichung auf diesem Sektor dienten. Fahrgestelle und Aufbauten wurden von verschiedenen Herstellern gefertigt. Sehr verbreitet war das 4,5-t-Fahrgestell des Mercedes-Benz L 4500 F, das in mehr als 2000 Exemplaren für Feuerwehrzwecke Verwendung fand, wovon der größte Teil zu Löschgruppenfahrzeugen aufgebaut wurde. Ab 1943 wurden beide Ausführungen – KS 25 und GLG – einheitlich als LF 25 bezeichnet. Auch in der Nachkriegszeit waren LF 25 noch lange im Einsatz zu finden. Einige wenige Exemplare stehen selbst heute noch im Dienst. Oben ein 1942 gelieferter L 4500 F mit GLG-Aufbau von Metz, aufgenommen bei der Feuerwehr Neustadt a. Rüb., im September 1981. Eine 1941 von Magirus aufgebaute KS 25, erkennbar am offenen Pumpenstand, ist auch heute noch bei der Feuerwehr Achern im Einsatz (rechts). Die Abbildung entstand im September 1988 in Ettlingen.

FREIW. FEUERWEHR
STADT ACHERN
BH-P 181

1949 wurde als erste Lastkraftwagen-Neuentwicklung bei Daimler-Benz nach dem Kriege der Typ L 3250 vorgestellt. Dieses Fahrgestell, das mit einem 90 PS starken Sechszylinderaggregat motorisiert war, gab es nur mit einem Radstand von 3,60 m. Für Feuerwehrzwecke wurde es – soweit feststellbar – wohl nur von der Firma Metz/Karlsruhe verwendet. Metz lieferte auf diesem Fahrgestell – neben einigen wenigen Löschgruppenfahrzeugen LF 8 – auch LF 15, LF 15 TS (mit Tragkraftspritze TS 8) und Tanklöschfahrzeuge TLF 15. Die Tragkraftspritze des LF 15 TS konnte entweder heckseitig oder seitlich eingeschoben werden. Ein solches Modell mit einer in der Fahrzeugmitte hinter einer Klapptür angeordneten TS ist oben abgebildet. Der 1949 gebaute Wagen wurde im Juli 1983 bei der Feuerwehr Oppenau/Schwarzwald noch im Einsatz angetroffen. Gegenüber ist ein TLF 15 mit offenliegendem Pumpenstand am Heck abgebildet, das nur in kleiner Serie gebaut wurde. Dieses mit einem nicht serienmäßigen Chromkühler ausgestattete Exemplar gehörte ehemals zum Bestand der Daimler-Benz-Werkfeuerwehr und wurde im November 1984 auch dort fotografiert. Es stand allerdings nicht mehr im Einsatz.

WERKFEUERWEHR
DAIMLER - BENZ
SINDELFINGEN

DS-J 294
BRÄUNLINGEN

Im Jahre 1950 wurde aus dem Typ L 3250 durch eine Nutzlaststeigerung um 1/4 t der Typ L 3500. Bekanntlich wurde der L 3500 zum meistgebauten Lastkraftwagen der fünfziger Jahre in Deutschland, der auch auf dem Feuerwehrsektor weite Verbreitung erfuhr. Anfänglich konnte die Firma Metz – geschützt durch den Kooperationsvertrag mit Daimler-Benz – fast alle Feuerwehraufbauten auf diesem Fahrgestell liefern. Später kamen auch andere Anbieter hinzu, da Daimler-Benz die Marktdurchdringung wichtiger erschien, als die Zusammenarbeit mit dem langjährigen Partner auszubauen. Ab 1950 wurde neben dem bisherigen 3,6-m-Fahrgestell auch ein solches mit 4,2-m-Radstand angeboten, das in der Folgezeit häufig verwendet wurde. Auf diesen Seiten zwei Löschgruppenfahrzeuge LF 15 – beide mit Metz-Aufbauten und unterschiedlichen Radständen.

Links ein LF 3500/42 in der Bauform von 1950 mit steiler Frontscheibe. Der 1951 gebaute Wagen befand sich im Juni 1986 bei der Feuerwehr Bräunlingen im Dienst. Oben ein Fahrzeug mit kurzem Radstand: ein LF 3500/36 von 1950, das im November 1984 bei der Feuerwehr Engen auf den Film gebannt werden konnte.

Nach den wenigen TLF 15 in halboffener Bauweise, die Metz ab 1949 für kurze Zeit im Lieferprogramm anbot, erschien 1950 eine Ausführung mit vollständig geschlossenem Aufbau und langem 4,2-m-Radstand, die mehrere Jahre als Standard-TLF bei Metz im Angebot zu finden war. Dieses TLF war in abgesetzter Bauweise ausgebildet, d. h. Staffelkabine und Geräteaufbau waren räumlich getrennt. Überwiegend wurden Fahrzeuge auf Allradfahrgestellen geordert. Oben abgebildet ein Fahrzeug dieser Art auf dem Mercedes-Benz-Fahrgestell LAF 3500/42, das 1953 an die Feuerwehr der Stadt Passau geliefert wurde und noch im Juli 1983 zum Einsatzbestand gehörte. Bei diesem Fahrzeug ist die anfangs steile Frontscheibe bereits einer gefälliger wirkenden, mit einem Chromzierrahmen eingefaßten Ausführung gewichen. Das Land Hessen erteilte 1950 den Auftrag einer Sonderserie von Tanklöschfahrzeugen, den sich Metz und Magirus-Deutz teilten. Rechts die Metz-Version des »Hessen-TLF«, aufgebaut auf dem Mercedes-Benz LF-3500/42-Fahrgestell von 1951. Ursprünglich wurde das abgebildete Exemplar an die Feuerwehr Friedberg geliefert. Im September 1986 konnte der Wagen bei einem Sammler in Bayern fotografiert werden.

Notruf
112
FB·260

1953
Feuerwehr-Gerätehaus
Feuerwehr
112
LANDKREIS FÜRTH
FÜ·E 501

Neben den beiden bereits genannten Metz-Tanklöschfahrzeugausführungen wurde von dieser Firma ab 1951 noch eine dritte Version angeboten. Es handelt sich um ein TLF 15, das im äußeren Erscheinungsbild dem gerundeten Stil der damaligen Omnibusse angepaßt war. Metz folgte mit diesem Stilelement einer Richtung, die besonders konsequent vom Hauptkonkurrenten Magirus vertreten wurde. Bei dieser sogenannten Omnibusform wurde die gesamte Ausrüstung einschließlich des Leiterparks im Fahrzeuginneren untergebracht. Im allgemeinen wurden diese Fahrzeuge nur auf normale Straßenfahrgestelle aufgebaut, wie hier auf der linken Abbildung bei einem Tanklöschfahrzeug der Feuerwehr Langenzeun zu sehen ist. Der Wagen wurde 1953 geliefert und befand sich im Juni 1984 noch im Einsatz. Die recht seltene Aufnahme eines allradgetriebenen Tanklöschfahrzeugs mit Omnibusaufbau auf Mercedes-Benz LAF-3500/42-Fahrgestell wird gegenüberliegend gezeigt. Wegen der zu erwartenden Verwindungen der Karosserie bei Geländefahrten war zwischen Kabine und Geräteaufbau eine Dehnungsfuge eingefügt. Das ebenfalls 1953 gebaute Fahrzeug wurde im Juni 1987 bei einem Löschzug der Feuerwehr Kulmbach fotografiert.

MO-J 927
9,00t
2,80t
2

In nur ganz wenigen Exemplaren wurden auch Löschgruppenfahrzeuge LF 15 von Metz in der Omnibusbauweise ausgeführt. Aus Platzgründen mußten Schlauchhaspel und Schiebeleitern am Heck bzw. auf dem Dach des Fahrzeugs untergebracht werden. Dem Autor sind nur vier Exemplare bekannt geworden, was aber nicht ausschließt, daß noch weitere LF 15 gebaut wurden. Im Oktober 1980 stand bei der Werkfeuerwehr Chemische Werke Meerbeck b. Moers noch ein 1953 gebautes LF 3500/42 im Dienst (links). Bei diesem Löschgruppenfahrzeug fällt die kleine Blende über der Frontscheibe auf, der seitliche Chromstreifen fehlt, außerdem erscheint der Aufbau am Heck etwas gerundeter und voluminöser. Ein ganz seltenes »Omnibus-TLF-15 in Stromlinienform« begegnete dem Autor im Mai 1988 auf einem Fahrzeugtreffen in Paderborn. Der 1951 gebaute Wagen, von dessen Bauart nur zwei Stück bekannt sind, stand bis 1980 bei der Feuerwehr Paderborn, Löschzug Elsen, im Einsatz und ist oben zu sehen. Zum Glück wurde das Fahrzeug nicht verschrottet oder, wie beim zweiten bekannten Exemplar, durch Umbau seines ursprünglichen Charakters beraubt. Es gelangte vielmehr in die Hände eines Sammlers, der das Erscheinungsbild nicht veränderte. Der auf diesem Bild gekuppelte TSA gehörte nicht zur Ausrüstung des Fahrzeugs.

WFW
Ergee
SF-EK 33

Tanklöschfahrzeuge wurden Anfang der fünfziger Jahre im allgemeinen auf das Mercedes-Benz LF-3500-Fahrgestell mit langem Radstand (4,20 m) aufgebaut. 1954 wurde vom bayerischen Innenministerium ein Tanklöschfahrzeug ausgeschrieben, das über besonders gute Geländeeigenschaften verfügen sollte. Von den beiden Hauptanbietern Magirus-Deutz und Metz wurden allradgetriebene Ausführungen entwickelt und etwa zu gleichen Teilen von den Wehren geordert. Die Metz-Version war auf dem Mercedes-Benz LAF-3500/36-Fahrgestell aufgebaut. Auf der linken Abbildung ist solch ein 1955 gebautes Fahrzeug zu sehen, das entsprechend der neuen, ab 1955 geltenden Fahrgestellbezeichnungen bei Daimler-Benz als LAF 311/36 bezeichnet wurde. Beachtenswert die Auer-Rundumkennleuchte auf dem Dach des an die Feuerwehr Sonthofen gelieferten Wagens. Das Fahrzeug befand sich im September 1986 bei der Werkfeuerwehr der Firma Ergee (Sonthofen) optimal gepflegt im Einsatz. Oben ein Tanklöschfahrzeug auf langem Fahrgestell und mit Straßenantrieb in der Metz-Ausführung von 1955. Der Motor leistet mit Turboaufladung 115 PS. Im März 1981 konnte man den Wagen bei der Feuerwehr Wesseling, Löschzug Berzdorf, im Einsatz antreffen.

Relativ selten wurde das Fahrgestell des L 3500 für LF-8-Aufbauten geordert, da es gegenüber den normalerweise verwendeten, leichteren 1,5/2-t-Fahrgestellen anderer Firmen wesentlich teurer war. Es bot aber den Vorteil großzügigerer Raumverhältnisse und größerer Tragfähigkeit, so daß der lästige Anhänger, in dem die Tragkraftspritze mitgeführt werden mußte, entbehrlich wurde. Ein solches, als »LF 8 schwer« bezeichnetes Metz-Modell mit Vorbaupumpe ist auf dem obigen Bild zu sehen. Das Fahrzeug ist mit dem Sechszylinder-Standarddieselmotor des 3,5-t-Lkw OM 312 mit 90 PS und 4580 cm³ Hubraum ausgerüstet. Der 1955 gebaute Wagen wurde auf das kurze Straßenfahrgestell LF 3500/36 aufgebaut und diente zum Zeitpunkt der Aufnahme im Juli 1981 bei der Feuerwehr Mudersbach im Löschzug Niederschelderhütte. Die Abbildung gegenüber zeigt ein sehr schönes und gut gepflegtes LF 15 TS (mit eingeschobener Tragkraftspritze) von 1954 auf einem Fahrgestell LF 3500/42 der Feuerwehr Achern, wo man das Fahrzeug im Juli 1983 noch im Einsatzbestand antreffen konnte.

FREIW. FEUERWEHR
ACHERN

Im Jahre 1956 wurde das äußere Erscheinungsbild der von Metz aufgebauten Löschgruppen- und Tanklöschfahrzeuge modernisiert. Die bisher geteilte, mit einem Chromzierrahmen eingefaßte Frontscheibe – noch ein Überbleibsel aus der Omnibusbauweise – wurde durch eine planliegend ausgeführte, ungeteilte Scheibe ersetzt. Waren die Aufbauten bislang in Holzbauweise erstellt, so erhielten die Fahrzeuge ab 1956 einen stahlgefertigten Geräteaufbau. Bei der Mannschaftskabine hingegen beließ man es bis 1958 beim Holzrahmen mit Stahlblechbeplankung. Bei den Löschgruppenfahrzeugen fand ebenfalls der Übergang zur abgesetzten Bauform statt, bei der Geräteaufbau und Mannschaftsraum getrennt ausgeführt waren. Oben ein TLF 16 von 1958 auf LF-311/36-Fahrgestell – ausnahmsweise ohne Allradantrieb –, das im August 1983 bei der Feuerwehr Nortorf im Dienst stand. Bei den Tanklöschfahrzeugen dominierte der Allradantrieb, der – zusammen mit dem kurzen Radstand – gute Geländeeigenschaften gewährleistete. Gegenüber ein LF 16 TS in ähnlicher Bauweise auf LF-311/42-Fahrgestell von 1957. Bis Ende der siebziger Jahre befand sich der Wagen bei der Feuerwehr Ravensburg im Einsatz. Seit einigen Jahren gehört der vorzüglich restaurierte Feuerwehrwagen einem Bochumer Sammler.

Betriebs-Feuerwehr
Sachverständigen-u.Ing.-Büro
LIERMANN, BOCHUM
BO-CL 1

WUNSIEDEL
WUN C 83

Ab 1958 fertigte Metz auch die Mannschaftskabinen in Ganzstahlbauweise, wie es verschiedene Aufbauhersteller (Bachert z. B.) schon seit einigen Jahren taten. Die Kabine erhielt nun eine gewölbte Frontscheibe und die Seitenfenster wurden ab 1959 mit einem Zierrahmen versehen. Tanklöschfahrzeuge wurden weiterhin vorwiegend mit Allradantrieb und kurzem Radstand beschafft. Als Beispiel soll das links abgebildete TLF 16 auf einem Mercedes-Benz-Fahrgestell LAF 311/36 dienen. Der 1959 gebaute Wagen verfügt über einen Sechszylinder-Dieselmotor, der mit Turboaufladung 115 PS leistet, gehörte der Feuerwehr Wunsiedel und wurde dort im Juni 1984 fotografiert. Löschgruppenfahrzeuge dieser Epoche wurden – besonders für ländliche Gemeinden – teilweise mit Allradantrieb in Verbindung mit dem 4,2-m-Fahrgestell bestellt. Städtische Wehren orderten weiterhin Fahrzeuge mit normalem Straßenantrieb, da Einsätze im Gelände kaum erforderlich waren. Oben ein Metz LF 16 auf LF-311/42-Straßenfahrgestell von 1959, das im August 1985 bei der Feuerwehr Oldenburg im Einsatz stand.

Eine Abart des TLF 15/16 ist das TLF 15/16-T, das besonders häufig von niedersächsischen Wehren zur Brandbekämpfung in den ausgedehnten Wald- und Heidegebieten dieses Landes beschafft wurde. Diese allradgetriebenen Fahrzeuge verfügten anstelle der Staffelkabine nur über das normale Lkw (Trupp)-Fahrerhaus. Dafür konnte der Wasservorrat um 400 l auf 2800 l vergrößert werden. Hier ein TLF 16-T auf Mercedes-Benz LAF 311/36 mit Metz-Aufbau von 1956, das im August 1984 bei der Feuerwehr Rechterfeld aufgenommen werden konnte.

Drehleitern gehörten zur Produktpalette des Nachkriegsprogrammes von Metz, wobei Auszugslängen von 25 und 30 Metern am häufigsten vertreten waren. Die Firma beteiligte sich auch – in Konkurrenz zu Magirus – am Bau von einigen wenigen »Superleitern« mit Steighöhen bis zu 60 Metern, die aber mehr dem Firmenimage dienten als praktischen Wert besaßen und nur als Einzelstücke in den Export gingen. Hier eine »normale« DL 30 auf einem Fahrgestell LF 325/46, die 1954 an die Feuerwehr Bottrop geliefert und im Juni 1980 fotografiert wurde. Schon kurze Zeit später wurde die Leiter in ein Entwicklungsland verkauft.

Recht verbreitet waren bei Metz Drehleitern DL 25 mit der damals typischen, robusten und bewährten mechanischen Kettenantriebskonstruktion über Drehkranz, die sich – trotz hydraulischer Antriebe – noch recht lange halten konnte. Die links abgebildete Leiter ist auf einem Mercedes-Benz LF-3500/42-Fahrgestell aufgebaut, verfügt über den 90-PS-Standard-Dieselmotor und wurde 1953 an die Feuerwehr Lemförde geliefert. Eine Holz-Schlauchhaspel am Heck gehörte normalerweise noch zur Ausrüstung. Die Aufnahme entstand im Juni 1983.

Besonders wuchtig und eindrucksvoll wirkt diese 1955 an die Feuerwehr Esslingen gelieferte Metz DL 30 auf dem langhaubigen Mercedes-Benz LKo 315/46. Der Zusatz »Ko« weist auf ein Fahrgestell für Kommunalaufbauten hin, das vereinzelt auch im Feuerwehrbereich Verwendung fand. Der L 315 wurde ab 1955 als Nachfolgemodell des L 6600 gefertigt und war zugleich das schwerste Lastwagenfahrgestell, das zu der Zeit Daimler-Benz im Angebot hatte. Drehleitern auf diesen schweren Fahrgestellen verfügten über eine hervorragende Standfestigkeit. Noch 1988 stand das abgebildete Exemplar bei einem Löschzug der Stadt Esslingen im Einsatz.

In nur wenigen Exemplaren wurden ab 1959 die ersten hydraulischen 30-m-Leitern von Metz auf Mercedes-Benz-Fahrgestellen vom Typ LF 321/48 gefertigt. Dieser Typ – äußerlich mit dem L 311/312 identisch, aber mit auf 5 t gesteigerter Nutzlast – war mit dem Sechszylinder-Dieselmotor OM 321 mit 5100 cm³ Hubraum und 110 PS Leistung ausgerüstet. Mit eingeschaltetem Turbolader wurden sogar 132 PS erreicht. Metz hatte bisher ausschließlich schwerere Mercedes-Benz-Fahrgestelle für Drehleitern mit Auszugslängen ab 30 m verwandt. Deshalb ist der Aufbau auf diesem verhältnismäßig leichten Fahrgestell etwas ungewöhnlich. Hier abgebildet ein 1959 an die Feuerwehr Trier geliefertes Fahrzeug, das später von der Feuerwehr Senden b. Münster erworben und im Juli 1981 noch eingesetzt wurde. Heute befindet sich die Drehleiter – hervorragend restauriert – in der Hand eines Bochumer Sammlers. Rechts eine weitere DL 25 mit eckiger Ganzstahlkabine und gerundeter, ungeteilter Frontscheibe. Die Leiter – noch mit mechanischem Antrieb – wurde im März 1985 fotografiert und gehört noch heute zum Bestand der Feuerwehr Schwäbisch Gmünd.

FREIWILLIGE FEUERWEHR
SCHWÄBISCH GMÜND
1959
AA 6021

Bisher hatten wir nur die Aufbauten der Firma Metz auf Mercedes-Benz-Fahrgestellen der fünfziger Jahre betrachtet. Daimler-Benz belieferte – obwohl seit 1923 ein Kooperationsvertrag mit Metz bestand – zum Zwecke der besseren Marktdurchdringung aber auch andere Aufbauhersteller mit Fahrgestellen. Die Produktion dieser Firmen bedeutete zum damaligen Zeitpunkt aber noch keine große Bedrohung für Metz. Diese verstärkte sich aber in den sechziger Jahren soweit, daß sich Metz veranlaßt sah, 1972 den mit Daimler-Benz bestehenden Vertrag zu kündigen. Als wichtiger Konkurrent ist in erster Linie die Firma Bachert zu nennen. Bereits 1951 wurden dort Feuerwehrfahrzeuge in Ganzstahlbauweise produziert, die bei Metz erst – wie geschildert – einige Jahre später erfolgte. Oben im Bild ein auf Mercedes-Benz LF 311/42 erstelltes LF 16 von 1957, das im Juni 1981 beim Löschzug Gemünd der Feuerwehr Schleiden/Eifel fotografiert wurde. Rechts ein gleichfalls auf dem langen Fahrgestell errichtetes TLF 16 von 1956, das noch im März 1983 bei der Werkfeuerwehr der EBV-Schachtanlage Erin (Castrop-Rauxel) im Dienst stand. Heute hat die Zeche die Kohleförderung eingestellt; der Feuerwehrwagen wurde wahrscheinlich verschrottet.

Feuerwache
Eschweiler Bergwerks-Verein
Erin

Manche Hersteller von Feuerwehraufbauten erlangten nur eine regionale Bedeutung. Als Beispiele seien die Firmen Glasenapp, Graaff oder Heines angeführt. Jede Firma hatte einige charakteristische Gestaltungsmerkmale ihrer Aufbaukonstruktionen, die sich vor allem auf den Bereich der Frontpartie bezogen. Kenner waren meist sofort in der Lage, anhand dieser Merkmale Aufbauten anderer Firmen von den geläufigen Metz-Konstruktionen zu unterscheiden. An dieser Stelle sollen zwei Fahrzeuge der Wuppertaler Firma Heines gezeigt werden, die nur eine geringe Verbreitung gefunden haben dürften. Im Herbst 1980 konnte der Autor diese Wagen noch im aktiven Einsatzdienst fotografieren. Heute sind sie schon lange verschwunden – und damit wieder ein kleines Stückchen Vielfalt der Feuerwehrtechnik. Auf der obigen Abbildung ein auf Mercedes-Benz LF 311/42 aufgebautes LF 16 von 1960, mit einer an die Metz-Ausführung angelehnten gewölbten Frontscheibe. Das Fahrzeug gehörte zum Löschzug Wevelinghoven der Feuerwehr Grevenbroich. Rechts hingegen ein TLF 16 der Feuerwehr Moers von 1956, das auf dem kurzen LF-311/36-Fahrgestell erstellt wurde.

Freiwillige Feuerwehr
Rheinkamp
Löschzug Repelen
FEUER-UNFALL
RUF 112
MO - 228

In den fünfziger Jahren wurden von Metz – wenn auch in kleineren Stückzahlen als vom Hauptkonkurrenten Magirus – ebenfalls Kran- und Rüstkranwagen an verschiedene Feuerwehren geliefert. Die Aufbauten erfolgten auf die schweren, bestens dafür geeigneten Mercedes-Benz-Fahrgestelle L 6600 bzw. L 315. Ein sehr schönes Exemplar ist dieser Rüstkranwagen (RKW) 10, ausgerüstet mit einer 10-t-Krananlage, der 1955 auf das Allradfahrgestell LAKo 315/52 aufgebaut wurde. Der mit einem Chromkühler und Vorbauseilwinde ausgestattete 15 t schwere Bolide wurde von der Feuerwehr Garmisch-Partenkirchen bestellt und ging nach Außerdienststellung zu einer Automobilvertretung des Ortes, wo auch die Aufnahme im April 1983 entstand.

Zur Feuerwehroldtimer-Sternfahrt nach Ettlingen im September 1988 erschien auch dieses schwere TLF 25 der Werkfeuerwehr Messerschmitt-Bölkow-Blohm (MBB) aus Kirchheim-Nabern b. Stuttgart. Der 1957 von Metz auf dem LF-326/46-Fahrgestell aufgebaute Feuerwehrwagen ist mit dem Sechszylinder-Dieselmotor OM 326 mit 200 PS und 10809 cm³ Hubraum ausgerüstet und wurde ursprünglich von der Flughafen-Feuerwehr Stuttgart-Echterdingen beschafft. Nachdem das Fahrzeug den gestiegenen Ansprüchen des Verkehrsflughafens nicht mehr genügte, wurde es Mitte der siebziger Jahre an die MBB abgegeben, wo es noch heute zuverlässig seinen Dienst verrichtet.

MOORSELE
BRANDWEER
MOORSELE
77.N.26

In den fünfziger Jahren wurden Flugfeldlöschfahrzeuge mit einer Pumpenleistung von 2500 l/min an viele Militär- und Zivilflughäfen des In- und Auslandes geliefert. Magirus-Deutz und Metz entwickelten zwei Ausführungen dieser als FLF 25 bezeichneten Fahrzeuge, die mit Allradantrieb ausgestattet waren. Diese Löschfahrzeuge, die von praktisch allen mitteleuropäischen Nato-Armeen beschafft wurden, standen dort in der Regel bis Ende der sechziger Jahre im Dienst. Ein großer Teil der Wagen fand anschließend Verwendung bei zivilen Feuerwehren, die diese voll geländetauglichen Löschfahrzeuge mit hoher Pumpenleistung als Tanklöschfahrzeuge für unterschiedliche Aufgabenbereiche gerne einsetzten. Links ein von Metz auf Mercedes-Benz LAF 3500/42 aufgebautes FLF 25 mit Staffelkabine von 1954, das die britische Luftwaffe (RAF) in den siebziger Jahren an die belgische Feuerwehr Moorsele abgab. Das Fahrzeug wurde dort im September 1985 noch als Schaumlöschfahrzeug eingesetzt. Das ursprünglich baugleiche Fahrzeug auf der rechten Seite hat durch Umbauten sein Aussehen wesentlich verändert. Der zum Bestand des Zivilflughafens Saarbrücken-Enzheim gehörende Wagen wurde durch Eigenleistung in einen Gerätewagen-Öl (GW-Öl) umfunktioniert. Die Aufnahme entstand im Juli 1983.

Schlauchwagen wurden während des Krieges als in mehreren Größenausführungen standardisierte Feuerwehrfahrzeuge besonders von Wehren der vom Bombenkrieg heimgesuchten Großstädte und von Werkfeuerwehren der Schlüsselindustrien beschafft, da dort der Bedarf an Schlauchmaterial sehr groß war. Diese Entwicklung setzte sich in den fünfziger Jahren nicht fort, da zum einen diese großen Schlauchmengen einfach nicht mehr benötigt wurden und zum anderen die Beschaffung anderer Löschfahrzeuge dringlicher war. Metz baute ab 1955 einige wenige Exemplare auf das 3,5-t-Fahrgestell des Mercedes-Benz L 311 auf. Diese Fahrzeuge waren entweder mit Trupp- oder Staffelkabine, mit Allrad- oder auch mit normalem Straßenantrieb ausgestattet. Hier abgebildet ein auf dem LF-311/42-Fahrgestell aufgebauter Metz-Schlauchwagen SW 1500, der 1957 an die Feuerwehr Barntrup geliefert wurde. Er stand dort noch im März 1983 im Dienst. Das Fahrzeug auf der rechten Seite hat mit diesem Schlauchwagen nur das Fahrgestell gemeinsam. Es handelt sich um eine 1952 an die Feuerwehr Hof gelieferte DL 25 von Metz, die in Eigenregie zu einem Lastkraftwagen umgebaut wurde. Die Aufnahme des interessanten Fahrzeugs entstand im April 1987.

Freiwillige Feuerwehr
Hof
HO 266

834a
Freiwillige Feuerwehr
Bomlitz
3
9,5t
FAL-R 323

Mitte der fünfziger Jahre kamen im Feuerwehrfahrzeugbau auch die ersten Frontlenkermodelle auf. Trotz einiger unbestreitbarer Vorteile in punkto Raumaufteilung, Übersichtlichkeit und Wendigkeit im Straßenverkehr waren die sogenannten »LP-Typen« (Lastwagen in Pullman-Ausführung) aber zunächst nicht in der Lage, die konventionellen Haubenwagen bei den Feuerwehren zu verdrängen. Es wurden nur wenige Einzelstücke LF 16 beschafft, die Metz aufbaute. Ab ca. 1958 trat auch der Konkurrent Bachert auf den Plan, und es gelang ihm, mit einigen Berufswehren wie Mannheim und besonders Hamburg ins Geschäft zu kommen. Diese Wehren verhalfen den Frontlenkern schließlich zum Durchbruch. Im Bild links ein 1959 an die Werkfeuerwehr Bayer-Leverkusen geliefertes LF 16, das auf Mercedes-Benz LPF 311/36 erstellt wurde. Der Feuerwehrwagen wurde später von der niedersächsischen Feuerwehr Bomlitz erworben und als Rüstwagen in Dienst gestellt. Gegenüber ein von Bachert auf dem LPKo 1113/42 aufgebautes LF 16 der Werkfeuerwehr Erdöl-Raffinerie Mannheim. Interessant sind an dem 1960 gebauten und im April 1982 fotografierten Wagen die Lamellenverschlüsse.

BERUFSGRUBENWEHR
und
WERKFEUERWEHR
PROSPER
BERGBAU AG NIEDERRHEIN
F 2
OB-D 936

Zur konsequenten Ausstattung der Hamburger Feuerwehren mit Frontlenkern gehörte auch eine größere Anzahl von auf Mercedes-Benz LPF 710/32-Fahrgestellen aufgebauten Löschfahrzeugen, die zur Gewichtsklasse der »LF 8 schwer« zählten. Diese Anfang der sechziger Jahre von Bachert gelieferten und noch mit dem Führerschein Klasse 3 zu fahrenden Fahrzeuge wurden vereinzelt auch von anderen Wehren des Bundesgebietes geordert. Die Löschgruppenfahrzeuge, die mit einer eingeschobenen Tragkraftspritze ausgerüstet waren, besaßen einen 100 PS starken Sechszylinder-Dieselmotor mit 5322 cm³ Hubraum. Links ein LF 8 TS von 1964, das im Oktober 1981 bei der Werkfeuerwehr der Prosper Bergbau AG Niederrhein, Zeche Prosper Haniel 1 (Bottrop) angetroffen wurde. Viele Fahrzeuge der Hamburger Feuerwehren wurden nach der dortigen Außerdienststellung an freiwillige Wehren des näheren und weiteren Umkreises abgegeben. So kann man auch heute noch manchen ehemaligen Hamburger Wagen in Niedersachsen und Schleswig-Holstein sehen. Zu diesen Fahrzeugen zählt auch dieses von Bachert aufgebaute TLF 16 (oben) auf Mercedes-Benz LPF 911/36 von 1965, das im September 1981 bei der Feuerwehr Neuenkirchen fotografiert wurde. Die Motorleistung dieses Frontlenkers beträgt 126 PS bei 2800 U/min und 5638 cm³ Hubraum.

Freiwillige Feuerwehr
KAARST
Notruf
66 112
GV 2005

Auch Drehleitern wurden in geringen Stückzahlen in Frontlenkerbauweise beschafft. Die links gezeigte DL 22 war aber ursprünglich kein Feuerwehrwagen, sondern sie entstand aus dem ausgesonderten LP-311/36-Fahrgestell eines Müllwagens der Stadt Grevenbroich, auf das die von 1943 stammende Leiter nach Ausmusterung ihres ursprünglichen Fahrgestells aufgebaut wurde. Der Umbau erfolgte 1969 und die Leiter ging an die Feuerwehr Kaarst (bei Neuss), die bis Anfang der achtziger Jahre noch gute Verwendung für diese Behelfskonstruktion hatte. Das Fahrgestell stammt von 1962 und verfügt über eine 100-PS-Maschine mit 4551 cm³ Rauminhalt. Dieses Beispiel soll zeigen, daß sich viele besonders kleinere Wehren in der Vergangenheit und auch noch heute mit preisgünstigen Eigenumbauten zu helfen wissen. Die Drehleiter war im September 1980 noch voll einsatzfähig und mußte nur deshalb ihren Dienst quittieren, weil sie bei einigen neuen Hochhäusern der Gemeinde ihrer Aufgabe nicht mehr gerecht werden konnte. Oben wieder ein »echtes« Feuerwehrfahrzeug, eine auf dem LPF-1418/42-Fahrgestell aufgebaute hydraulische 30-m-Metz-Leiter von 1965, die die Feuerwehr Lauenburg aus Hamburger Beständen erworben hatte. Dort stand der 180 PS starke Wagen auch im August 1983 noch im Einsatz.

Im Jahre 1959 kam mit dem Beginn der Serienfertigung des Mercedes-Benz-Kurzhaubermodells L 322 eine neue Fahrzeuggeneration auf den Markt, die als Fortentwicklung der bisherigen Haubenwagen anzusehen war. In der ersten Zeit wurden von den Feuerwehren noch die Haubenmodelle bevorzugt. Deshalb beließ man diese noch bis Anfang der sechziger Jahre in der Produktion. Das Modell L 322 wurde von 1959 bis 1963 gebaut und fand im Typ L 1113 einen Nachfolger. Die für 6 t ausgelegten Typen verfügten zunächst über eine Sechszylindermaschine mit 110 PS, deren Leistung später auf 126 PS gesteigert wurde. Das Modell war mit und ohne Allradantrieb lieferbar. Oben abgebildet ein von Metz aufgebautes TLF 16 auf dem Allradfahrgestell LAF 322/36 von 1960, das an die Feuerwehr Montabaur geliefert und vor einigen Jahren von der ortsansässigen Werkfeuerwehr Klöckner-Pentaplast übernommen wurde. Das Fahrzeug verfügt über eine Vorbauseilwinde. Rechts ein TLF 16 auf LAF-1113/36-Fahrgestell in der Bachert-Ausführung. Der Wagen wurde 1964 von der Feuerwehr Niebüll beschafft, beide Fahrzeuge wurden im April 1988 fotografiert.

Freiw. Feuerwehr
Kreisstadt Niebüll
1113
Feuerwehr
112

Auf diesen Seiten zwei auf Mercedes-Benz LF 322 aufgebaute Löschgruppenfahrzeuge LF 16 TS mit eingeschobener Tragkraftspritze. Beide Fahrzeuge sind mit normalem Straßenantrieb ausgestattet. Auf der obigen Abbildung ein von der Firma Ziegler erstelltes LF 16 TS von 1962, das an die Feuerwehr Metzingen geliefert wurde. Das Fahrzeug ist mit dem langen 4,2-m-Radstand ausgeführt und verfügt über eine als Vorbaupumpe ausgebildete Feuerlöschkreiselpumpe FP 16/8. Das Löschgruppenfahrzeug hat eine Besatzungsstärke von neun Mann. Im März 1985 war dieser Wagen auf der Metzinger Hauptwache stationiert, wo diese Aufnahme auch entstand. Rechts hingegen ein von Bachert auf dem kurzen 3,6-m-Fahrgestell karossiertes Fahrzeug, das zum Bestand der Freiwilligen Feuerwehr Essen, Löschzug Werden, gehört. Die Leistung des Sechszylinder-Dieselmotors dieses 1961 gebauten Löschgruppenfahrzeugs beträgt 132 PS, der Hubraum 5103 cm^3. Diesen Feuerwehrwagen konnte der Autor im April 1981 während einer Übung auf die Platte bannen.

LF 16 - TS
Stadt Essen
Feuerwehr
322
2.6
E-2226
FEUER-UNFALL
NOTRUF
112
KRANKENWAGEN
2461
Bachert

Drehleitern mit Auszugslängen von über 30 m wurden nach dem Kriege von den beiden Anbietern Metz und Magirus nur in relativ wenigen Exemplaren gebaut. Sie gingen entweder in den Export oder an Berufswehren großer Städte, die diese Spezialfahrzeuge zur Überwindung großer Höhen benötigten. Unter diesen Leitern war die Ausführung mit 37 m Steighöhe am häufigsten vertreten. Wegen der erforderlichen hohen Standsicherheit kamen nur schwere Lastwagenfahrgestelle als Basis in Frage. Nach dem Auslaufen der Mercedes-Benz-Langhauberproduktion waren dies die nachfolgenden Kurzhauberfahrgestelle mit 7 bis 8 t Tragfähigkeit. Diese Seite präsentiert eine ganz seltene Metz-DL 37 auf dem LF-1418/46-Fahrgestell, ausgeführt mit Truppkabine und 1964 an die österreichische Feuerwehr St. Pölten geliefert. Dort wurde das imposante Fahrzeug auch im April 1984 aufgenommen. Einige motortechnische Einzelheiten: Sechszylinder-Diesel, 180 PS, 2200 U/min und 10810 cm^3 Hubraum. Umseitig eine weitere DL 37 von Metz auf dem Fahrgestell Mercedes-Benz LF 337/46, von der Berufsfeuerwehr Heidelberg 1961 in Dienst gestellt. Dieses ebenfalls mit hydraulischem Leiterantrieb ausgeführte Fahrzeug verfügt über eine Staffelkabine. Das Chassis besitzt den Sechszylinder-Diesel OM 326 mit 172 PS. Im April 1982 stand die Leiter noch im Dienst.

Berufsfeuerwehr
Heidelberg
HD-2213

4
Flughafen
Münster-Osnabrück
710
TLF8
4
ST-CT 804

Zu den leichteren Mercedes-Benz-Kurzhauber-Fahrgestellen zählte das des L 710, ausgelegt für eine Nutzlast von 3,5 t und damit das Nachfolgemodell des bewährten L-311-Haubentyps. Der L 710 war mit einem Sechszylinder-Dieselaggregat mit 100 PS Leistung bei 2900 U/min und 5675 cm³ Hubraum ausgerüstet, das das Fahrzeug auf 85 km/h beschleunigen konnte. In dieser Ausführung wurde der Kurzhauber von 1963 bis 1970 gebaut. Links ein Tanklöschfahrzeug TLF 8 auf dem Allradfahrgestell LAF 710, das 1965 von der Würzburger Karosseriefirma Voll erstellt wurde. Der im August 1984 auf dem Flughafen Osnabrück/Münster abgelichtete Feuerwehrwagen verfügt über einen Wasservorrat von 1400 l und eine Feuerlöschkreiselpumpe FP 8/8. Auf der gegenüberliegenden Seite ein auf dem Bremer Flughafen stationiertes FLF 25 von Metz, das auf dem LAF-322/32-Fahrgestell aufgebaut und im Juni 1983 fotografiert wurde. Der 1961 gebaute Wagen besitzt einen Vorrat von 2500 l Wasser und 250 kg Pulver. Dieses FLF 25 gehört mit Sicherheit zu den letzten gebauten Flugfeldlöschfahrzeugen dieser Leistungsgröße, denn bei den immer größer werdenden Passagierflugzeugen erwiesen sich die FLF 25 als nicht mehr ausreichend.

Im Jahre 1955 begann Daimler-Benz mit dem Typ L 319 den Wiedereinstieg in die Nutzlastklasse bis 2 t, in der vor allem Opel, Hanomag und Borgward vertreten waren. Diese Fahrgestelle dienten im Feuerwehrbereich vor allem für Löschgruppenfahrzeuge LF 8, in dem sich besonders Opel mit dem Typ »1,75 t« als Marktführer hervortat. Entgegen mancher kritischer Stimmen wurde der L 319, den es sowohl mit Vergaser- als auch mit Dieselantrieb gab, ein voller Erfolg. Die meisten Fahrzeuge mit Feuerwehraufbauten wurden erst ab ca. 1958/59 bis weit in die sechziger Jahre hinein geliefert. Am Bau von LF 8 beteiligten sich fast alle Feuerwehr-Aufbaufirmen. Die obige Abbildung zeigt ein 1962 von Heines erstelltes LF 8, gekuppelt mit einem Tragkraftspritzenanhänger von 1955, das von dem Vierzylinder-Vergasermotor mit 68 PS Leistung angetrieben wurde. Dieses Gespann gehörte im Oktober 1983 zum Bestand der Feuerwehr Dinslaken, Löschzug Voerde. Rechts schon das äußerlich unveränderte Nachfolgemodell L 408, das sich von 1965 bis 1968 in der Produktion befand, hier in der Ausführung mit Hochdach als Gerätewagen (GW) Atemschutz. Das Fahrzeug wurde 1966 gebaut und besaß einen in der Leistung angehobenen, 80 PS starken Vergasermotor. Damit war eine Höchstgeschwindigkeit von 110 km/h möglich. Die Aufnahme entstand im August 1985 auf der Hauptwache der Berufsfeuerwehr Lübeck.

Feuerwehr
112
Feuerwehr
Lübeck
HL-2037

Metz lieferte auch eine ganze Reihe handbetätigter Drehleitern DL 18 auf LF-319/408-Fahrgestellen mit kurzem oder langem Radstand an verschiedene Feuerwehren des Bundesgebietes. Auf dieser Abbildung eine DL 18 mit dem kurzen Radstand von 2,85 m, aufgebaut auf dem 1 3/4-t-Fahrgestell des Mercedes-Benz LF 319 B. Das »B« in der Typenbezeichnung weist auf die Vergaserversion hin, die über folgende Leistungsdaten verfügte: 68 PS bei 4400 U/min und 1897 cm³ Hubraum. Diese Ausführung erreichte 95 km/h Höchstgeschwindigkeit. Das abgebildete Fahrzeug wurde im Jahre 1963 an die Feuerwehr Bad Nenndorf geliefert und dort im September 1981 fotografiert. Der L 319 und seine Nachfolger fanden nicht nur mit speziellen Feuerwehraufbauten, sondern auch als Bus, Pritschen- und Kastenwagen und auch in anderen Ausführungen Eingang in die Bestände der Wehren. Manche Wehr kam auch mit einer von Daimler-Benz ab Werk gelieferten Serienausführung zurecht und konnte sich teure Spezialaufbauten ersparen. Als etwas ausgefallenes Beispiel eines Feuerwehrfahrzeugs ein L 408 mit Aufbau der Firma Wilhelm Thiele, Bremen, der 1966 ursprünglich als fahrbare Sparkassen-Zweigstelle in Dienst genommen wurde. Später wurde er von der Feuerwehr Dierdorf in Eigenregie zu einem Einsatzleitfahrzeug umgebaut. Die Aufnahme entstand im Februar 1982.

Einsatzleitung
Feuerwehr
LANDKREIS NEUWIED
Einsatzleitung
NR 2024

Verhältnismäßig spät erst fanden in Deutschland Ford-Lastwagenfahrgestelle für Feuerwehraufbauten Verwendung. Hierfür standen nach Kriegsende zwei Dreitonnen-Modelle, die Typen »Ruhr« mit einer Vierzylinder-Maschine (52 PS) und »Rhein« mit einem 95 PS starken V-8-Aggregat – beide als Vergasermotoren ausgebildet – zur Wahl. Hinzu kam 1949 noch das Schnellastwagenmodell 38 T Spezial, das mit der 52-PS-Maschine versehen wurde. Oben ein LF 8 mit Metz-Aufbau, das 1951 auf einem solchen Fahrgestell errichtet wurde. Bis 1979 befand sich das ursprünglich mit einer Vorbaupumpe versehene Fahrzeug bei der Feuerwehr Werne, Löschzug Stockum, im Einsatz, zuletzt als Gerätewagen-Öl. Heute ist ein Sammler stolzer Besitzer dieses seltenen Feuerwehrwagens. Auf Treffen kann der Veteran hin und wieder bewundert werden.

Äußerlich gänzlich anders gestaltet ist das auf dem gleichen Fahrgestell aufgebaute LF 8 der Abbildung gegenüber. Die Firma Meyer-Hagen lieferte 1950 den Aufbau. Als der Feuerwehrwagen im Juni 1979 bei einem Fahrzeugtreffen aufgenommen wurde, befand er sich schon nicht mehr im Einsatzdienst.

Ford-Ruhr G38T-Spez.
Feuerwehr
Baujahr 1950
30
RUHR
KS-04023
LKW
Richter Kassel
FORD-Lkw-Haupt- und Schwerpunkthändler in Nordhessen.
Reparaturwerk Waldstr.
3502 Vellmar 3, Ruf 05 61 - 82 44 30

FREIWILLIGE FEUERWEHR
LÜGDE KRS. LIPPE
HX - 220

1951 wurden die aus den bisherigen Typen weiterentwickelten Modelle FK 2000, 3000 und 3500 vorgestellt. Sie erhielten unter Verwendung der alten Fahrerkabine eine neue, mit viel Chromzierleisten versehene Frontpartie, die im Stil der amerikanischen Lastkraftwagen damaliger Zeit gestaltet worden war. Der für Feuerwehrzwecke am häufigsten verwendete Typ FK 2000 besaß die schon bekannte Vierzylinder-Vergasermaschine (52 PS bei 2800 U/min) mit einem Hubraum von 3285 cm³. Auf diesen Zweitonner wurden vor allem Löschgruppenfahrzeuge LF 8 aufgebaut; die beiden anderen Typen der Ford-Reihe traten im Feuerwehrfahrzeugbau zunächst nur ganz vereinzelt in Erscheinung. Magirus verwendete in Ermangelung eigener, leichter Fahrgestelle das des Ford FK 2000 für LF-8-Aufbauten relativ häufig. Ein Fahrzeug dieser Art, gebaut 1952, ist auf der linken Abbildung zu sehen. Der Wagen konnte im September 1981 bei der Feuerwehr Lügde im Bilde festgehalten werden. Er stand damals aber schon nicht mehr im Dienst und mußte in Fotoposition geschoben werden. Oben hingegen ein im März 1983 bei der Feuerwehr Emmerthal, Löschzug Esperde, noch im aktiven Dienst befindliches LF 8 mit Graaff-Aufbau von 1952. Das Fahrzeug verfügt über eine Vorbaupumpe. Graaff-Aufbauten wurden besonders häufig in den niedersächsischen Raum geliefert.

FREIWILLIGE FEUERWEHR
BAD SODEN
KREIS SCHLÜCHTERN
SLÜ E 103

Wurden in den Jahren 1951 und 52 fast ausschließlich die 2-t-Fahrgestelle FK 2000 für Feuerwehraufbauten auf Ford-Basis verwendet, so griffen in der Folgezeit die Feuerwehren vermehrt auch auf die 3- bzw. 3,5-t-Fahrgestelle FK 3000 und FK 3500 zurück. Hierfür standen entweder ein 100 PS starker V-8-Vergasermotor mit 3924 cm³ Hubraum oder der amerikanische Sechszylinder-Hercules-Diesel mit einer Leistung von 94 PS und 4080 cm³ Rauminhalt zur Verfügung. Links im Bild ein 1954 von Magirus aufgebautes LF 8 mit Vorbaupumpe FP 8/8 auf FK 3500 in der damals noch aktuellen, allseits gerundeten Omnibusform und mit geteilter Frontscheibe. Eigentümerin war die Feuerwehr der Stadt Bad Soden. Als das Fahrzeug im Juli 1987 aufgenommen wurde, stand es nicht mehr im regulären Einsatz. Oben ein weiteres LF 8, diesmal mit einem Bachert-Aufbau versehen und 1955 gebaut. Beachtenswert die Lamellenverschlüsse des Aufbaus, die Bachert schon damals hin und wieder verwendete. Dieses ebenfalls auf dem FK 3500 erstellte Fahrzeug dürfte zu den letzten Feuerwehrwagen gehört haben, die auf diesem Fahrgestell errichtet wurden. Im April 1982 zählte das Fahrzeug zum Bestand des Löschzuges Schlierbach der Heidelberger Feuerwehr.

Auf der Frankfurter Automobilausstellung 1955 stellten die Ford-Werke eine optisch wie technisch völlig neue Lastwagengeneration vor, die fast alle bisherigen Lastwagenmodelle ab 2 t Nutzlast ersetzte. Damals ahnte sicher noch niemand, daß diese motormäßig leider nur ungenügend ausgereiften und erprobten Modelle, in die man so viele Erwartungen gesetzt hatte, den guten Ruf des Unternehmens als Nutzfahrzeughersteller so gründlich ruinieren sollten, daß sich die Ford-Werke 1961 vorerst ganz aus dem bundesdeutschen Lastwagengeschäft zurückziehen mußten. Für Feuerwehraufbauten kam aus dieser Modellreihe, die es in den Nutzlastklassen von 2,5, 3,5 und 4,5 t gab, fast ausschließlich das 2,5-t-Fahrgestell des FK 2500 in Betracht, das von fast allen deutschen Aufbauherstellern – mit Ausnahme von Magirus – für Löschgruppenfahrzeuge LF 8 verwendet wurde. Oben zunächst ein 1960 gebautes LF 8 mit Schlingmann-Aufbau der Feuerwehr Bissendorf bei Osnabrück, das sich im Juni 1983 bei schönstem Sonnenschein vor dem Gerätehaus dieser Wehr der Kamera präsentierte. Gegenüber ein ähnliches Fahrzeug der Feuerwehr Bahlburg aus dem Jahr 1960, das mit einem Arve-Aufbau und Vorbaupumpe erstellt wurde. Im Juni 1983 befand sich der Feuerwehrwagen noch im Einsatz.

Feuerwehr
112
BAHLBURG
WL-E 849

TEDDY
Freiw. Feuerwehr
Mödrath
Feuer-Notfall
112
BM-304

Die Ford-Typen FK 2500 und 3500 waren nicht nur mit den neukonstruierten, ventillosen Zweitakt-Dieselmotoren, sondern auch mit dem bewährten, noch aus der Kriegszeit stammenden V-8-Vergasermotor mit 100 PS und 3924 cm³ Hubraum lieferbar. Dieses Aggregat wurde – soweit bekannt – ausschließlich für Feuerwehrfahrzeuge verwendet. Obwohl in den fünfziger Jahren so mancher Feuerwehrwagen auf dem Ford-Fahrgestell aufgebaut wurde, spielten die Erzeugnisse dieser Firma im Vergleich zu Daimler-Benz, Magirus-Deutz oder auch Opel nur eine unbedeutende Rolle. Die Fahrgestelle selbst waren kaum schlechter als die der Konkurrenz; die marktbeherrschende Stellung der anderen Anbieter aber war zu stark und konnte nicht gebrochen werden. Hier nochmals zwei auf dem FK 2500 aufgebaute LF 8 – dem zu der Zeit am häufigsten für Feuerwehraufbauten verwendeten schwereren Fahrgestell von Ford. Links ein Löschgruppenfahrzeug mit Bachert-Aufbau von 1960, das im Juni 1982 bei der Feuerwehr Kerpen noch im Einsatz stand. Oben hingegen eine von Ziegler gebaute Version. Der Wagen gehörte im März 1985 zum Fahrzeugbestand der Feuerwehr Crailsheim. Beide Feuerwehrwagen sind mit Vorbaupumpen ausgerüstet.

Feuer-Notfall
112
Freiwillige Feuerwehr
Amt Hartum
TRANSIT
MI - 2272

Bereits 1953 brachte auch Ford einen Transporter mit 1 t, später auch mit 1,25 t Tragfähigkeit unter der Bezeichnung FK 1000/FK 1250 auf den Markt, der zwar von den Feuerwehren in ansehnlichen Stückzahlen beschafft, indes aber die Verkaufszahlen des Hauptkonkurrenten und Marktführers VW nicht erreichen konnte. Ab 1962 bezeichnete man die Baureihe als Transit, die bis 1965 in der Produktion blieb. Zuletzt wurde das Modell nur noch mit der 55-PS-Maschine mit 1498 cm^3 Hubraum angeboten. Vor allem Tragkraftspritzenfahrzeuge (TSF) wurden auf diesem Fahrgestell von eigentlich allen Aufbauherstellern ausgerüstet, wobei in der Regel der werksseitig erstellte Aufbau ohne große äußere Änderungen übernommen werden konnte. Auch heute noch kann man den Transit – wenn auch in abnehmender Zahl – bei den Feuerwehren antreffen. Auf der linken Abbildung ein von der Firma Gössling, Minden, ausgebauter TSF-Kastenwagen der Feuerwehr Hartum b. Minden, aufgenommen im August 1985. Oben ein TSF mit Aufbau von Bachert. Dieser Wagen stand im Juni 1986 bei der Feuerwehr Niedereschbach im Einsatz. Beide Fahrzeuge wurden im Jahre 1965 gebaut.

Der Lastkraftwagenhersteller Opel hatte bereits in den zwanziger Jahren Fahrgestelle für Feuerwehrfahrzeuge, insbesondere für offene Automobilspritzen, zur Verfügung gestellt. Während des Dritten Reiches wurden die Fahrgestelle dieser Firma zum Bau von Löschfahrzeugen ebenfalls herangezogen. Oben abgebildet eine von Metz gebaute, handbetätigte Drehleiter mit einer Steighöhe von 17 m auf dem 1-t-Fahrgestell des Opel-Blitz. Dieses war das kleinste lieferbare Lastwagen-Fahrgestell von Opel in den dreißiger Jahren. Es war mit einem Sechszylinder-Vergasermotor mit 36 PS und 1920 cm³ Hubraum ausgerüstet. Der Opel-Blitz 1-t-Typ war eine der ersten Konstruktionen, die die berühmte und überall bewährte »Blitz«-Baureihe einleitete. Der hier gezeigte Wagen wurde 1938 gebaut und ist bereits auf der modifizierten, seit 1936 lieferbaren Opel-Blitz-Ausführung erstellt. Er gehört der Feuerwehr Emsdetten und wurde – bereits als Museumsfahrzeug – im August 1981 bei einem Feuerwehrtreffen fotografiert. Das 2-t-Fahrgestell 2,5–32 befand sich von 1938 bis 1942 in der Produktion. Der Sechszylinder-Vergasermotor dieses Typs besaß einen Rauminhalt von 2473 cm³ und leistete 55 PS. Rechts ein 1941 gebauter, im Dienst der Feuerwehr Starnberg befindlicher Pritschenwagen, der noch im September 1986 zum Einsatzbestand gehörte.

Freiw. Feuerwehr
Starnberg
OPEL BLITZ
STA-216

Der Opel-Blitz 3 t entwickelte sich zum meistgebauten Lastkraftwagen der Deutschen Wehrmacht und war wegen seiner Zuverlässigkeit allseits geschätzt und begehrt. Dieses Fahrgestell verfügte über eine Sechszylinder-Vergasermaschine mit einem Hubraum von 3626 cm^3 und 75 PS Leistung. Der Dreitonner wurde für Feuerwehraufbauten in der Größenordnung der späteren LF 15 sehr häufig verwendet. Auf dieser Seite ein Opel-Blitz vom Typ 3,6–36 von 1940 in der Ausführung als Fliegerkraftspritze FlKs 15 (später als LF 15/41 bezeichnet) der Luftwaffe. Von diesem Löschfahrzeugtyp wurden 130 Stück gefertigt. Sie taten auf Fliegerhorsten der Luftwaffe Dienst, gelangten nach dem Zusammenbruch aber vielfach in den Besitz ziviler Feuerwehren. Der abgebildete Wagen war im April 1985 bei der Feuerwehr Frankenberg vorhanden, aber schon einige Jahre nicht mehr im Einsatz. Umseitig ein Opel-Blitz 3,6–42 mit einem LF-15-Aufbau der Firma Koebe (Luckenwalde). Der 1937 gebaute Wagen befand sich bis zum Jahre 1976 bei der Feuerwehr Nordenham im Einsatzdienst und wurde anschließend als Museumsfahrzeug in der ursprünglichen polizeigrünen Lackierung restauriert. Die Aufnahme entstand – leider bei sehr schlechten Witterungsverhältnissen – im August 1986.

Feuerlöschpolizei
Nordenham
POL-17821

Ende 1943 war die wirtschaftliche Lage in Deutschland kriegsbedingt so ungünstig geworden, daß Feuerwehrfahrzeuge infolge der Materialknappheit nur noch mit einer Hartfaserplattenverkleidung ausgestattet wurden. Auch wurden – um Material einzusparen – alle irgendwie entbehrlichen Gegenstände fortgelassen, die nicht unbedingt die Fahrzeugfunktion beeinträchtigten. Oben ein LF 15 in dieser Ausführung, aufgebaut auf dem Opel-Blitz 3-t-Einheitsfahrgestell.

Der 1944 hergestellte Wagen war erstaunlicherweise noch im März 1982 bei der Feuerwehr Schwalbach/Taunus vorhanden, befand sich allerdings nicht mehr im Einsatz. Die nur für eine kurze Lebensdauer gebauten Kriegserzeugnisse wurden nach Kriegsende – sobald neue Fahrzeuge in genügender Zahl verfügbar waren – ausgesondert. Das rechte Bild zeigt eine sogenannte »Tankkraftspritze«, die später als TLF 15 bezeichnet wurde, aufgebaut auf dem Opel-Blitz 6700-A-Allradfahrgestell. Der Wasservorrat umfaßte 2500 l, die Pumpe konnte 1500 l/min fördern. Mit dieser Ausrüstung wären die Feuerwehren der vom Bombenkrieg heimgesuchten Städte in der Lage gewesen, Entstehungsbrände wirkungsvoll zu bekämpfen, hätten diese Fahrzeuge in größeren Stückzahlen zur Verfügung gestanden. Das abgebildete Exemplar von 1943 war im April 1984 bei einem Löschzug der Salzburger Feuerwehr noch voll im Einsatz.

FREIW. FEUERWEHR
SALZBURG
WACHE BRUDERHOF
S100.832

Da sich der Mercedes-Benz Dreitonnen-Typ L 3000 unter Kriegsbedingungen nicht sehr bewährte, wurde im Sommer 1942 entschieden, daß Daimler-Benz den Opel-Blitz 3 t in Lizenz zu fertigen und die Produktion ihres eigenen Modells einzustellen hatte. Von dieser auf höchster Ebene getroffenen Entscheidung war Daimler-Benz natürlich nicht begeistert. So wurde die Ausführung dieser Weisung so lange wie möglich hinausgezögert. Die Fertigung lief schließlich im Laufe des Jahres 1944 an und wurde auch in der Nachkriegszeit bis zur Vorstellung des Mercedes-Benz L 3250 fortgesetzt. Der von Daimler-Benz gefertigte Lizenz-Opel trug die Bezeichnung L 701 und war an dem fehlenden Opel-Kühleremblem schon äußerlich zu erkennen. Besonders in der Nachkriegszeit wurden diese Fahrgestelle auch für Feuerwehraufbauten verwendet. Oben abgebildet ein von Metz aufgebautes LF 15, das 1949 an die Feuerwehr Zweibrücken geliefert wurde. Im September 1984 stand das Fahrzeug bei der Werkfeuerwehr der Traktorenfabrik John Deere (Zweibrücken) noch im Einsatz. Ebenfalls von 1949 stammt das L-701-Fahrgestell der mechanisch angetriebenen DL 22 von Metz, die früher bei der Feuerwehr Gelnhausen Dienst tat. Im Juni 1987 gehörte das restaurierte Fahrzeug der Firma Theimer in Birnstein.

Betriebs Feuerwehr
Firma Theimer
HU VV 247

VETERANEN
FEUERWEHR
NECKAR-ODENWALD

Der Opel-Blitz 3 t wurde während des Krieges in sehr großen Stückzahlen gefertigt. Entsprechend hoch war auch die Zahl der Fahrzeuge, die die Kriegsereignisse überlebten. Bei dem bestehenden großen Fahrzeugmangel der Nachkriegsjahre verwendete man diese unverwüstlichen Fahrgestelle auch gerne für Feuerwehrzwecke. Stark vertreten waren diese Umbauten noch in den achtziger Jahren in Österreich, wo sich die Aufbaufirma Rosenbauer einen Namen machte und bis weit in die fünfziger Jahre hinein besonders Tanklöschfahrzeuge auf alte Fahrgestelle aufbaute. Ein typischer Vertreter dieser Gattung, ein Opel Blitz 6700 A von 1944, ist links zu sehen. Das TLF 1700 wurde an die Berufsfeuerwehr Wien geliefert und nach Aussonderung an einen Sammler verkauft, der mit dem Fahrzeug am Ettlinger Feuerwehrtreffen im September 1988 teilnahm. Gegenüberliegend ein von Metz aufgebautes und an die Werkfeuerwehr BASF (Ludwigshafen) geliefertes TLF 15 auf einem 1944 gebauten Opel-Blitz 3-t-Fahrgestell. Es ist der gleiche TLF-Aufbau mit offenliegendem Pumpenstand am Heck, der von Metz auf Mercedes-Benz L-3500-Fahrgestelle für kurze Zeit gefertigt wurde. Bis 1972 verrichtete das TLF bei der BASF seinen Dienst und wurde anschließend von der Feuerwehr Bobenheim a. Berg erworben, die das Fahrzeug auch heute noch einsetzt. Der Kilometerstand des Wagens betrug im September 1988 ganze 13 600 km!

OPEL BLITZ
STADT BAD ORB
GN-227

Der Opel-Blitz 1,5-Tonner – ein kleinerer Bruder des berühmten 3-Tonners – wurde 1938 aus dem 1-t-Typ entwickelt und war bis Ende 1942 in der Produktion. Dieses bewährte Modell war als leichter Lastkraftwagen am häufigsten bei der Wehrmacht vertreten. Während nach Kriegsende der 3-Tonner unter der Bezeichnung L 701 in Lizenz von Daimler-Benz gefertigt wurde, nahm Opel die Herstellung des 1,5-Tonners wieder auf. Er wurde bis 1951 gebaut. Auch im Feuerwehrbereich fanden viele Fahrgestelle, vornehmlich für LF-8-Aufbauten, Verwendung. Auf diesen Seiten werden zwei Fahrzeuge dieser Leistungsgröße mit Metz-Aufbauten gezeigt. Links zunächst ein 1949 gebautes LF 8 mit Vorbaupumpe, geliefert an die Feuerwehr Bad Orb, das zuletzt als Jugendwagen diente. Dort wurde der Wagen im September 1981 fotografiert. Heute gehört das Fahrzeug der Firma Theimer in Birnstein und ist komplett restauriert. Oben hingegen ein noch älteres, 1948 hergestelltes Exemplar der Feuerwehr Kirlach. Das LF 8 besitzt noch den alten, eckigen Holzaufbau und stand zum Zeitpunkt der Aufnahme im Juni 1984 schon lange Zeit nicht mehr im Dienst.

Der Opel-Blitz 1,5 t war – wie auch schon während des Krieges – mit der Sechszylinder-Vergasermaschine mit 2473 cm³ Hubraum und 55 PS Leistung bestückt. Mit einer Höchstgeschwindigkeit von ca. 95 km/h war der Typ für die damalige Zeit recht schnell – und Schnelligkeit war gerade für Feuerwehrfahrzeuge sehr wichtig! Oben ein weiteres von Metz aufgebautes LF 8, diesmal ohne Vorbaupumpe. Der 1950 an die Feuerwehr Bad Meinberg gelieferte Wagen konnte – leider bei sehr schlechtem Wetter – dort im August 1985 abgelichtet werden. Das Fahrzeug stand damals schon nicht mehr im Einsatz und mußte vor das Gerätehaus geschoben werden. Der Aufbauhersteller Magirus war ein weiterer Abnehmer von Opel-Blitz 1,5-t-Fahrgestellen für LF-8-Aufbauten. Der rechts abgebildete, im September 1988 bei schönstem Sonnenschein beim Ettlinger Feuerwehrtreffen aufgenommene Wagen gehört der Feuerwehr Zimmern und wurde 1951 gebaut. Das bestens instandgehaltene Fahrzeug wird dort als Museumswagen erhalten.

FREIWILLIGE FEUERWEHR
ZIMMERN O.R.
1951
RW 0408
34T

Neben den bereits genannten Herstellerfirmen für Feuerwehraufbauten Metz und Magirus gab es auch noch andere Mitbewerber, die auf Opel-Blitz 1,5-t-Fahrgestellen LF-8-Aufbauten erstellten. Oben ein von Bachert karossiertes Exemplar, aufgenommen beim Fahrzeugtreffen in Asendorf im Juni 1983. Der 1951 gebaute Wagen wurde nach Außerdienststellung bei der Feuerwehr Harlingerode von einem Braunschweiger Sammler erworben und komplett restauriert. Das rechte Fahrzeug – ein Opel-Blitz mit Meyer-Hagen-Aufbau von 1949 – befand sich im August 1984 noch im Dienst auf der Schachtanlage Derne im Ruhrgebiet. Bei diesem Wagen fällt die nicht dem Ablieferungszustand entsprechende Alu-Leiter ins Auge. Glücklicherweise wurde auch dieser Wagen nicht verschrottet, sondern gleichfalls an einen Dortmunder Sammler verkauft.

DO DJ 931
1000 Kg

25-25
Freiw. Feuerwehr
Lindern
CLP-D 828

Im Jahre 1952 wurde der Opel-Blitz 1,5 t von dem völlig neu gestalteten Modell »1,75 t« abgelöst. Damit erschien ein Schnellastwagen auf dem Markt, der aus dem Straßenbild der fünfziger und sechziger Jahre nicht mehr wegzudenken ist und in sehr großen Stückzahlen gebaut wurde. Der wiederum mit Vergasermotor ausgerüstete Opel-Blitz befand sich bis 1960 in der Produktion, ehe er durch das Nachfolgemodell »1,9 t« ersetzt wurde. Den 1,75-Tonner gab es mit den verschiedenartigsten Aufbauten für nahezu alle Verwendungszwecke. Selbstverständlich wurde dieses Modell auch für Feuerwehrzwecke herangezogen. Links ein von Metz aufgebautes LF 8 von 1953, das bei der Feuerwehr Lindern im August 1985 im Einsatz stand. Die Farbgebung des Fahrzeugs wurde modernen Erfordernissen angepaßt. Das gegenüberliegende Bild zeigt ein Fahrzeug der gleichen Leistungsgröße in der Ausführung des Aufbauherstellers Miesen/Bonn. Dieser noch im Mai 1988 beim Löschzug Hagedorn der Feuerwehr Steinheim im Dienst befindliche Wagen wurde 1954 gebaut und befand sich – wie man sieht – auch nach 34 Einsatzjahren noch in sehr guter optischer und technischer Verfassung.

Das Fahrgestell des Opel-Blitz 1,75 t war das in den fünfziger Jahren in der Bundesrepublik Deutschland mit Abstand am häufigsten verwendete Chassis für Löschgruppenfahrzeuge LF 8. Wohl alle westdeutschen Aufbauhersteller – darunter auch kleine, relativ unbekannte Firmen mit nur regionaler Bedeutung verwendeten dieses Fahrgestell. Die Aufbauformen der einzelnen Hersteller wichen mehr oder weniger stark voneinander ab. Fachkundige Betrachter aber konnten die Varianten zumeist schon an den unterschiedlich ausgebildeten Formen der Frontscheibe erkennen. Oben ein von der Firma Graaff/Elze aufgebautes LF 8 von 1957 mit angebauter Vorbaupumpe. Charakteristisch für diese vor allem in den niedersächsischen Raum gelieferten Fahrzeuge ist die recht steile, geteilte Frontscheibe. Das hier gezeigte Fahrzeug gehörte der Feuerwehr Schladen und wurde im März 1984 fotografiert. Flacher und damit gefälliger wirkt dagegen das umseitig gezeigte LF 8 der Wuppertaler Firma Heines, das ebenfalls 1957 gebaut wurde. Im August 1981 befand sich das Fahrzeug im Besitz des Löschzuges Becke der Feuerwehr Gummersbach. Heute ist dieser Wagen mit Sicherheit schon lange ausgesondert.

Feuer-Notfall
112
Freiwillige Feuerwehr
Gummersbach
GM-270

OPEL
AUR
C 506

Opel behielt auch beim 1,75-Tonner den Vergasermotor bei, obwohl manche Mitbewerber dieser Klasse schon wahlweise Dieselmotoren anboten. Der Nachteil des etwas höheren Verbrauchs wurde durch bessere Beschleunigungswerte und eine höhere Spitzengeschwindigkeit ausgeglichen. Der Sechszylindermotor mit 2473 cm³ Hubraum leistete anfangs 58, ab 1955 62 PS, die bei 3700 U/min erzielt wurden. Mit dieser vom Opel-Kapitän abgeleiteten Maschine konnten recht beachtliche Fahrleistungen erreicht werden. Den Opel-Blitz gab es in zwei Radstandausführungen, wobei für den Feuerwehrbereich nur die kurze 3,3-m-Version verwendet wurde. Auf diesen beiden Seiten sind zwei LF 8 mit Vorbaupumpen abgebildet. Links ein Fahrzeug mit dem recht seltenen Bierstedt-Aufbau von 1959, das im August 1985 bei der ostfriesischen Feuerwehr Ihlowerfehn angetroffen wurde. Dieses Fahrzeug wurde noch mit einer geteilten Frontscheibe gestaltet, obwohl manche Anbieter zu der Zeit bereits auf durchgehende, gewölbte Scheiben übergegangen waren. Bei der bayerischen Feuerwehr Petershausen stand das oben abgebildete LF 8 mit Ziegler-Aufbau von 1960 im Dienst – ebenfalls noch mit geteilter Frontscheibe ausgeführt. Diese Aufnahme entstand im April 1985.

Freiw. Feuerwehr
Wiefelstede
(Oldbg.)
OPEL
WST-E 738

Offensichtlich nur in geringen Stückzahlen gebaut wurden die auf diesen beiden Seiten abgebildeten Löschgruppenfahrzeuge LF 8. Links ein Fahrzeug der Feuerwehr Wiefelstede mit Aufbau der Firma Buschmann/Hoya. Der 1956 gebaute Wagen wurde noch im August 1985 im Einsatzdienst angetroffen. Auf der rechten Abbildung ein LF 8, das von der Dissener Firma Schlingmann aufgebaut und 1960 an die Feuerwehr Halle i. W. geliefert wurde. Im August 1983 war dieses Fahrzeug Einsatzwagen beim Löschzug Hörste dieser Wehr. Beide Fahrzeuge verfügen über Vorbaupumpen. Die Firmen Buschmann und Schlingmann erlangten vor allem im niedersächsischen Raum regionale Bedeutung. Sie trugen mit dazu bei, das Erscheinungsbild der Feuerwehrwagen der fünfziger Jahre – vor allem für Fahrzeugliebhaber – vielfältig zu gestalten.

Einen ungewöhnlichen Anblick bietet der Opel-Blitz-Feuerwehrwagen auf der obigen Abbildung. Es ist ein ehemaliges LF 8 mit Aufbau der Firma Meyer/Hohenlimburg, das später zu einem Gerätewagen umgerüstet wurde. Das bereits 1953 gebaute Fahrzeug verfügt über die schwächere Maschine mit 58 PS und stand noch im März 1982 bei der Werkfeuerwehr VDM (Altena) im Dienst. Die Firma Meyer gehörte nicht zu den bekannten Aufbauherstellern und dürfte – wenn überhaupt – nur ganz wenige Feuerwehrfahrzeuge gebaut haben. Das Erscheinungsbild dieses Wagens weicht sehr stark vom bisher bekannten Bild anderer Hersteller ab, besonders im Bereich der Frontscheibe. Das Foto auf der rechten Seite präsentiert ein 1955 von Metz in nur wenigen Exemplaren produziertes KLF 6, das in der Leistungsgröße ungefähr als ein schwächer bestücktes LF 8 angesehen werden konnte. Diese Baugröße setzte sich aber nicht durch, weil zum einen die gleichen Fahrgestelle wie für LF 8 erforderlich waren, zum anderen aber nur eine geringere Besatzung und Beladung zur Verfügung stand. Das hier abgebildete Fahrzeug gehört der Feuerwehr Leinfelden-Echterdingen und erschien im September 1988 zum Ettlinger Feuerwehrtreffen.

Freiwillige Feuerwehr
Leinfelden-Echterdingen
Abt. Musberg
BB-910
ES-04749

Feuerwehr
112
FREIWILLIGE FEUERWEHR
MÜNCHBERG
LÖSCHZUG: I
MÜB 243

Der Aufbauhersteller Magirus, der in den fünfziger Jahren über kein eigenes Fahrgestell aus dem Magirus-Deutz-Lastwagenprogramm verfügte, das – bei einer Tragfähigkeit von rund 2 t – für leichte Feuerwehraufbauten geeignet war, mußte auf Fahrgestelle fremder Anbieter zurückgreifen. Daher ist es erklärlich, daß Magirus-LF-8-Aufbauten auf nahezu allen gängigen westdeutschen Fahrgestellen der 1,5/2-t-Nutzlastklasse gefertigt wurden. Recht häufig zog man auch den Opel-Blitz 1,75 t für diese Aufgabe heran. Auf der Abbildung links ein LF 8 TS (mit eingeschobener Tragkraftspritze) der Feuerwehr Münchberg in der Ausführung mit Heckbeladung. Das bedeutete, daß der Geräteraum nur über die große Hecktür zugänglich war. Diese Ausführung war etwas preiswerter in der Anschaffung als das mit Seitentüren ausgeführte Modell. Der 1959 gebaute Wagen wurde im Juni 1984 fotografiert. Oben wird ein im März 1984 beim Löschzug Erpensen der Feuerwehr Wittingen angetroffenes LF 8 mit dem seltenen Aufbau der Kölner Firma Hoenig von 1954 gezeigt. Von diesem Hersteller dürften nur ganz wenige Fahrzeuge dieser Art gefertigt worden sein.

Freiw. Feuerwehr
Untertauern
LZ.3 OBERTAUERN
OPEL
S 260.964
Gilt für den
ganzen Platz
Ausgenommen

Neben den auf den vorangegangenen Seiten etwas ausführlicher dargestellten LF-8-Ausführungen verschiedener Aufbauhersteller gab es auch handbetätigte Drehleitern, die auf dem Opel-Blitz 1,75-t-Fahrgestell aufgebaut wurden. Vor allem Metz und Magirus, aber auch Bachert, beteiligten sich am Bau der zumeist mit einer Auszugslänge von 18 m gefertigten Leitern. Einige Dutzend Fahrzeuge wurden an Feuerwehren des ganzen Bundesgebietes geliefert, wo sie zum Teil noch heute ihren Dienst verrichten. Häufig werden bei den Feuerwehren außer Dienst gestellte Leitern sogar noch an Privatbetriebe, wie z. B. Gebäudereinigungsfirmen, abgegeben. In diesen Aufgabenbereichen, wo es nicht um die Rettung von Menschen oder Sachwerten geht, genügen diese Fahrzeuge als Arbeitsleitern auch heute noch vollauf. Ein etwas ausgefallenes Fahrzeug ist die mechanische 17-m-Leiter der österreichischen Firma Seethaler auf der Abbildung links. Das 1956 gebaute Fahrzeug wurde von der Feuerwehr Badgastein/Österreich in Dienst gestellt und später an die Feuerwehr Obertauern verkauft. Dort konnte das Fahrzeug im April 1984 fotografiert werden. Die rechte Abbildung führt uns zur Feuerwehr Baesweiler b. Aachen, die Anfang 1981 noch eine Bachert DL 18 von 1954 einsetzte.

1959 wurde das Nachfolgemodell des Opel-Blitz 1,75 t, der »1,9-Tonner« vorgestellt, der 1960 in Produktion ging. Äußerlich entfiel die lange, gerundete Haube mit dem nicht mehr ganz zeitgemäßen Chromzierrat. Das Fahrzeug erhielt eine gefällige Kurzhaube, die dem Fahrer eine gute Übersicht gewährleistete. Im Innenleben unterschied es sich vor allem durch ein auf 2586 cm³ Hubraum angehobenes und auf 70 PS (bei 3600 U/min) leistungsgesteigertes Sechszylinder-Aggregat. Damit erzielte das mit voller Zuladung fast 4,5 t schwere Fahrzeug eine Spitzengeschwindigkeit von 95 km/h. Hervorzuheben ist, daß Opel weiterhin nur eine Vergaserversion im Angebot hatte. Dieser Opel-Blitz 1,9 t wurde auch für Feuerwehrzwecke in ansehnlichen Stückzahlen bis zum Jahre 1966 von vielen Aufbauherstellern verwendet, bevor das Nachfolgemodell auf dem Markt erschien. Hier ein LF 8 TS mit Ziegler-Aufbau, das 1962 an die bayerische Feuerwehr Brunnthal b. München geliefert wurde und sich im September 1986 noch im Einsatz befand.

Als Nachfolgemodelle des bis 1966 hergestellten Opel-Blitz 1,9 t erschienen die Opel Typen 2,1 und 2,4 t, die bis 1975, dem Jahr der Lkw-Produktionseinstellung bei Opel, gefertigt wurden. Auch hier blieb Opel dem Vergasermotor treu, der bei beiden Modellen auf 2605 cm³ Hubraum und 80 PS Leistung bei 4500 U/min angehoben wurde. Erstmals war zwar auch ein Dieselmotor lieferbar, er wurde aber für Feuerwehrzwecke – soweit bekannt – nicht verwendet. Auch diese Fahrgestelle wurden von den meisten Herstellerwerken zumeist für LF 8-Aufbauten, vereinzelt aber auch für Sonderfahrzeuge herangezogen. Besonders Magirus-Aufbauten waren zahlreich vertreten, befand sich doch auch zu dieser Zeit noch kein Lastwagenfahrgestell dieser Nutzlastklasse im Magirus-Deutz-Lkw-Programm. Hier soll eine seltene Version mit Aufbau der nur in Bayern vertretenen Firma Ludwig vorgestellt werden: Dieses auf dem 2,4-t-Modell erstellte LF 8 TS wurde 1968 von der Feuerwehr Ludwigschorgast beschafft und im Juni 1987 fotografiert.

Auf dieser Seite zwei Drehleiterausführungen, die auf Opel-Blitz-Fahrgestellen der sechziger Jahre in Dienst gestellt wurden. Die Abbildung oben zeigt eine handbetätigte 18-m-Magirus-Drehleiter von 1963 auf Opel-Blitz 1,9-t-Fahrgestell. Der sehr gepflegte Wagen wurde im März 1985 bei der Feuerwehr Weilburg aufgenommen und steht wahrscheinlich auch heute noch im Einsatz. Auf dem Bild darunter ist eine weitere DL 18 gleichen Fabrikats zu sehen. Dieses 1968 auf dem 2,1-t-Fahrgestell gebaute Fahrzeug war im März 1985 bei der Feuerwehr Inzing in Tirol/Österreich stationiert. Ungewöhnlich an diesem Fahrzeug ist die Staffelkabine, denn DL 18 wurden schon allein aus Kostengründen normalerweise nur mit dem Standard-Lkw-Fahrerhaus ausgeführt.

Alte Feuerwehren 2

Ausfahrt freihalten!
MAGIRUS-DEUTZ
Freiw. Feuerwehr
Wiesentheid
Feuerwehr
112
KT-YD 50

Udo Paulitz

Alte Feuerwehren

Magirus-Deutz, Borgward, Hanomag u.a.

Weltbild

Mit 125 Farbfotos vom Verfasser

Bild Seite 2: Die erste Abbildung dieses Bildbandes zeigt ein Rundhauber-TLF 15 von 1955 auf Magirus-Deutz-S 3500-Fahrgestell, ausgeführt mit heckseitig angeordnetem, offenliegendem Pumpenstand. Nach Aussonderung bei der Berufsfeuerwehr Nürnberg in den siebziger Jahren wurde das voll betriebsfähige Fahrzeug von der Feuerwehr Wiesentheid erworben. Dieser Wagen bildet – zusammen mit einem ebenfalls in diesem Buch vorgestellten TLF 16 in Allradausführung – den Bestand der größeren Feuerwehrfahrzeuge dieser Gemeinde. Wegen der unmittelbaren Nähe der Autobahn Nürnberg-Würzburg stehen dort zwei Tanklöschfahrzeuge im Dienst. Die Aufnahme entstand im September 1986 und zeugt damit auch für die Unverwüstlichkeit der damaligen Konstruktionen.

Vorwort und Einleitung

Der hier vorliegende Bildband befaßt sich mit den Produkten deutscher Nutzfahrzeughersteller, die mehr oder weniger starke Verbreitung im Feuerwehrfahrzeugbau fanden. Im Band Mercedes-Benz, Ford und Opel sind vor allem die Fahrgestelle des Ulmer Lastwagenfabrikanten Magirus-Deutz enthalten, die – neben denen des Hauptkonkurrenten Mercedes-Benz – mit Abstand am häufigsten für Feuerwehrfahrzeuge aller Arten und Gewichtsklassen verwendet wurden. Bekanntlich besitzt Magirus-Deutz eine selbständige Abteilung für Feuerwehrfahrzeugerstellung und -ausrüstung. So überrascht es nicht, daß dort fast ausschließlich auf Fahrgestelle der eigenen Fertigung zurückgegriffen wurde. Dies bot gegenüber anderen Anbietern von Feuerwehrfahrzeugen manche Vorteile, weil die Fertigung von Fahrgestellen und Aufbauten in einer Hand lag. Lediglich in der leichten Nutzlastklasse unter 3 t befand sich nach 1945 kein Fahrgestell im Magirus-Deutz-Lastwagenprogramm, so daß hier auf Fremdfabrikate ausgewichen werden mußte. Bei den schwereren Typen baute Magirus nur in Ausnahmefällen Feuerwehraufbauten auf Fremdfahrgestelle auf. Zu diesen Ausnahmen zählten vor allem Drehleitern bei Exportlieferungen, die recht häufig auf Fahrgestellen des jeweiligen Bestellerlandes ausgeführt wurden. Der umgekehrte Fall – Feuerwehr-Fremdaufbau auf Magirus-Deutz-Fahrgestellen – kam noch seltener vor. Einige dieser von Sammlern sehr gesuchten Raritäten sind in diesem Buch abgebildet.
Als einer der Schwerpunkte dieses Werkes sind bei Magirus-Deutz die berühmten Rundhaubermodelle der fünfziger Jahre und deren Nachfolgegeneration, die Eckhauber aus den sechziger Jahren, anzusehen. Die Modelle der Vorkriegszeit, beginnend mit den Automobilspritzen über die M 27/M 30-Typen der dreißiger Jahre bis zum gewaltigen M 145 und den in Tausenden Exemplaren gefertigten S 3000 werden ebenfalls ausführlich behandelt. Der zuletzt genannte Typ bewährte sich so gut, daß er nahezu unverändert bis in die fünfziger Jahre gebaut und erst dann von den ihm folgenden Rundhaubern abgelöst wurde.
Borgward und Hanomag kamen im Feuerwehrgeschäft erst nach 1945 zum Zuge. Da beide Firmen vornehmlich leichte Fahrgestelle bis 3 t Nutzlast herstellten, beschränkten sich die Feuerwehraufbauten auf LF 8-, TLF 8-Typen und Modelle ähnlicher Größenordnung. Lediglich Borgward hatte auch mittelschwere Typen im Programm, die aber nur in Einzelfällen zu Feuerwehren aufgebaut wurden. Bekannt geworden ist Borgward mit den Typen B 2500 bzw. B 522. Besonders die auf dem Allrad-Fahrgestell gefertigten TLF 8 füllten eine Marktlücke. Das Gegenstück von Hanomag war der berühmte Typ L 28, der in verschiedenen Gewichtsklassen bis Anfang der sechziger Jahre hergestellt und anschließend von der ersten Hanomag-Frontlenkergeneration mit den Typen »Kurier, Garant und Markant« abgelöst wurde. Borgward stellte 1961 die Produktion ein, und die letzten Hanomag-Lastwagen der F-Reihe rollten 12 Jahre später – 1973 – vom Band.
Während die MAN ab Ende der fünfziger Jahre mit den Kurzhaubermodellen in zunehmendem Maße zuerst bei einigen großen Berufswehren, dann aber auch bei kleineren Wehren ins Geschäft kommen konnte, war dem Kasseler Lastwagenhersteller Henschel ein solcher Einstieg nicht vergönnt. Die wenigen auf Fahrgestelle dieses Herstellers aufgebauten Feuerwehrfahrzeuge wurden fast ausnahmslos an die Berufsfeuerwehr Kassel geliefert. Einige der seltenen Ausnahmen sind in diesem Buch abgebildet. VW schaffte sich schon früh mit dem Transporter, genannt »Bulli«, in der TSF-Fahrzeugklasse gegen alle Konkurrenz eine marktbeherrschende Stellung. Der Firma Faun dagegen war nur eine kurze, mäßige Blütezeit mit von Magirus aufgebauten LF 8-Typen in den sechziger Jahren beschieden, bevor sie wieder vom Markt verschwand.
Dieses Buch zeigt 125 ausgewählte Feuerwehrfahrzeuge in ganzseitigen, brillanten Farbaufnahmen. Das Besondere an diesen Fahrzeugen ist, daß deren Abbildungen fast ausnahmslos nicht zuvor veröffentlicht wurden und daß nicht nur Standardmodelle gezeigt werden, sondern auch Einzelstücke, Sonderanfertigungen, Eigenumbauten und ähnliche nicht alltägliche Raritäten. Erfahrungsgemäß sind es gerade diese Fahrzeuge, die die meisten Leser besonders interessieren und begeistern, die Modellbauer zu neuen Umbauaktivitäten inspirieren. Die Bildtexte geben nicht nur Auskunft über die feuerwehrtechnischen Aufbauten, der Leser erfährt auch viele Einzelheiten über Entwicklung und Daten der Fahrgestelle. An dieser Stelle sei erwähnt, daß alle Fahrzeuge so abgebildet sind, wie sie zum Zeitpunkt der Fotoaufnahmen angetroffen wurden. Durch Änderungen am Aufbau, Umlackierungen und Montage von Zusatzeinrichtungen haben manche Fahrzeuge ihr ursprüngliches Aussehen wesentlich verändert.
Hier sieht man keine Werksaufnahmen allseits bekannter Standard-Feuerwehrfahrzeuge, sondern Wagen, die sich in den achtziger Jahren überwiegend noch im Einsatz befanden oder von begeisterten Sammlern gehegt und gepflegt wurden. Die Fotos zeugen von der Langlebigkeit und Robustheit der damaligen Konstruktionen. Sie legen aber auch Zeugnis darüber ab, mit welch großem Einsatz auch ältere Modelle bei vielen Feuerwehren einsatzfähig gehalten werden.
So manche Wehr ist stolze Besitzerin eines oder mehrerer Oldtimer. Das sind nicht mehr im Dienst befindliche, zumeist restaurierte offene Fahrzeuge oder Modelle der dreißiger und vierziger Jahre. In der letzten Zeit sind aber auch viele Exemplare aus den fünfziger oder auch schon der sechziger Jahre hinzugekommen. Bei Tagen der offenen Tür, Feuerwehrjubiläen und ähnlichen Veranstaltungen stehen diese Fahrzeuge im Mittelpunkt des Publikumsinteresses und werden von jung und alt gebührend bestaunt und bewundert.
Die hier gezeigten Fahrzeuge wurden von mir eigenhändig in meiner langjährigen Reisetätigkeit fotografiert. Seit Anfang der achtziger Jahre ist mein Fotoarchiv auf weit über 3000 ältere Feuerwehrmodelle aus dem Bundesgebiet und dem deutschsprachigen Ausland angewachsen. In der letzten Zeit sind zwar nicht mehr so viele Neuzugänge zu verzeichnen, trotzdem finden sich selbst heute noch immer wieder nicht erfaßte Fahrzeuge, die sich zum Teil sogar noch im Einsatz befinden. Die Zeit wird für diese Modelle aber leider bald abgelaufen sein, denn selbst ein erst 1960 gebautes Fahrzeug ist heute bereits 30 Jahre alt, steigender Reparaturaufwand und die Verfügbarkeit von Ersatzteilen setzen der aktiven Verwendung Grenzen.
Dieses Buch hätte nicht entstehen können, wenn mir nicht von den Wehrmännern, Fahrzeugsammlern und allen anderen Besitzern älterer Fahrzeuge so bereitwillig geholfen worden wäre. Allen diesen Helfern sei an dieser Stelle nochmals ganz herzlich gedankt.
Hier soll auch mein Aufruf und die Bitte stehen, mir von Ihnen bekannten fotografierenswerten Feuerwehrfahrzeugen älterer Baujahre (aber auch von Lastkraftwagen) Kenntnis zu geben, damit ich mein Archiv weiter ausbauen kann. Ich freue mich über jedes Fahrzeug, von dessen Existenz ich dadurch erfahre.
Bei eventuell vorhandenen Irrtümern oder Fehlern in diesem Buch bitte ich um sachliche Kritik und Berichtigung, damit diese Angaben bei einer Neuauflage verwendet werden können.
Allen Lesern wünsche ich viel Freude an diesem Buch und Spaß beim Betrachten der Bilder.

Udo Paulitz
Braunsberger Weg 69, 47279 Duisburg-Wedau

Der Ulmer Feuerwehrausrüster Magirus gehörte – neben der Karlsruher Firma Metz – zu den Wegbereitern in der Entwicklung des modernen Brandschutzwesens in Deutschland und in der Welt. Der Hauptunterschied zu Metz bestand vor allem darin, daß Magirus – gleichzeitig auch Hersteller von Lastkraftwagen – die Feuerwehraufbauten in der Regel auf eigenen Fahrgestellen fertigte. Aus der Zeit nach dem Ersten Weltkrieg stammen die auf diesen Seiten abgebildeten Automobilspritzen, die – dem damaligen Entwicklungsstand entsprechend – in offener Bauweise mit Längssitzen und Elastikbereifung ausgeführt sind. Der oben abgebildete Wagen vom Typ 1 CV 95, ein 1925 gebautes Fahrzeug mit einer Pumpenleistung von 1000 l/min, wurde im Oktober 1984 bei einem Sammler in Ingeleben bei Helmstedt aufgestöbert. Bis auf Scheinwerfer und Rückspiegel entspricht das Fahrzeug noch weitgehend dem Originalzustand. Damit das schöne Fahrzeug in Bewegung gesetzt werden konnte, mußte der Autor einen Teil seines Superbenzins aus dem Reservekanister opfern. Bereits 1921 an die Feuerwehr Neuötting/Bayern geliefert wurde die auf der rechten Seite gezeigte Autospritze, die über eine 1600-l-Pumpe verfügt. Der 40 PS starke Feuerwehrwagen stand bis 1964 im Einsatz und konnte im September 1986 aufgenommen werden. Aufgrund der einsetzenden Inflation kostete das Fahrzeug seinerzeit 250000 Reichsmark.

FREIWILLIGE FEUERWEHR
NEUÖTTING

GEMEENTE
TILBURG
1
Magirus
NJ-08-88

Viele Fahrzeuge der zwanziger Jahre gingen entweder durch die Kriegsereignisse verloren oder wurden in den fünfziger Jahren nach Außerdienststellung verschrottet. Oftmals bestimmt Platzmangel in den Feuerwehrgerätehäusern die Entscheidung, sich selbst von historisch wertvollen Fahrzeugen zu trennen. Trotzdem hat so manche Wehr eine Möglichkeit gefunden, ihre alte Autospritze bis in die heutige Zeit hinüberzuretten. Solche offenen Wagen werden heute auf jedem Feuerwehrfest von jung und alt bewundert. Ein besonders schönes und vor allem – bis auf die Scheinwerfer – vollständig im Originalzustand erhaltenes Exemplar wurde bei der niederländischen Feuerwehr Tilburg im Mai 1984 entdeckt und ist links abgebildet. Es ist eine Autospritze vom Typ Magirus MLAS, ausgerüstet mit einem Sechszylinder-Maybach-Vergasermotor mit 100 PS und einer starken Feuerlöschkreiselpumpe mit einer Leistung von 3000 l/min. Das Fahrzeug wurde 1929 gebaut und stand bis zum Jahre 1960 im aktiven Dienst. Der Wagen ist bereits mit Luftbereifung ausgerüstet, denn Ende der zwanziger Jahre war die Umstellungsphase auf Luftreifen gerade vollzogen worden. Auf der rechten Seite soll eine 26-m-Drehleiter auf dem Magirus-3 C-Fahrgestell vorgestellt werden. Das 65 PS starke Fahrzeug wurde 1927 an die Feuerwehr Ulm geliefert und verfügt noch über Elastikbereifung, die bei Drehleitern aus Gründen der Standfestigkeit am längsten verwendet wurde. Das Fahrzeug wurde im Juli 1981 fotografiert.

STADT SCHWABMÜNCHEN

Anfang der dreißiger Jahre begannen im Feuerwehr-Fahrzeugbau allmählich Bauformen mit geschlossenen Fahrer- und Mannschaftsräumen die offen ausgeführten Fahrzeuge zu verdrängen. So mancher Feuerwehrwagen wurde aber auch weiterhin noch in offener Ausführung beschafft. So auch die links gezeigte Magirus-M 25-Drehleiter, die eine Steighöhe von 16 m besitzt. Der 1934 gebaute Wagen verfügt über eine Motorleistung von 70 PS und der Leiterpark ist noch in Holzbauweise ausgeführt. Hier liegt die Vermutung nahe, daß eine nicht motorisierte Holzleiter auf das M 25-Chassis aufgebaut und dadurch weiterverwendet werden konnte. Die unübliche Auszugslänge von 16 m spricht ebenfalls dafür, denn dieses Maß dürfte in den dreißiger Jahren kaum noch hergestellt worden sein. Der Leiterwagen stand bei der bayerischen Feuerwehr Schwabmünchen bis 1977 im aktiven Dienst und wird seither für Museumszwecke erhalten. Die Aufnahme entstand im März 1985. Auf dem Fahrgestell des Magirus M 25 S aufgebaut ist die auf der rechten Seite gezeigte 1934 an die Feuerwehr Korbach gelieferte Kraftfahrspritze (KS) 15, die später als LF 15 bezeichnet wurde. Die Besonderheit an diesem Fahrzeug: es stand zum Zeitpunkt der Aufnahme im August 1981 bei der Feuerwehr Lichtenfels-Sachsenberg im Sauerland nach 47 Dienstjahren noch voll im Einsatz! Es bleibt zu hoffen, daß dieses Schmuckstück mittlerweile den Weg in gute Sammlerhände gefunden hat.

Die ab Mitte der dreißiger Jahre auf den Magirus-Fahrgestellen M 27 und M 30 aufgebauten sog. »Einheitskraftspritzen« waren die ersten Feuerwehrfahrzeuge in Deutschland, die in einer nennenswerten Serie gebaut wurden. In der Vergangenheit wurde fast jedes Fahrzeug als Einzelstück, den speziellen Wünschen und Vorstellungen der Wehren entsprechend, gebaut. Diese wendigen Fahrzeuge der mittleren Nutzlastklasse waren mit vollständig geschlossenem Aufbau versehen und sehr häufig auch mit einer 1500-l-Vorbaupumpe FP 15/8 ausgeführt. Sie bewährten sich so gut, daß sie noch lange Jahre nach dem Kriege – ganz vereinzelt sogar bis in unsere Tage – im Einsatz anzutreffen waren. Beide Ausführungen waren mit Sechszylinder-Dieselmotoren mit 4562 ccm Hubraum und 70 PS Leistung ausgerüstet. Damit war eine Höchstgeschwindigkeit von rund 70 km/h zu erzielen.

Oben zunächst ein LF 15 und M 27 SV-Fahrgestell von 1936, aufgenommen im März 1985 bei der Werksfeuerwehr Heidelberger Zement, Schelklingen, wo sich der gut gepflegte Wagen noch im aktiven Einsatz befand. Der bisherige Holzleiterpark war bereits gegen einen solchen aus Aluminium ersetzt worden. Rechts ein Magirus M 30 gleichen Baujahrs, ausgerüstet mit zwei Arbeitsstellen-Suchscheinwerfern. Das schöne Fahrzeug war im August 1986 restauriertes Museumsstück bei der Feuerwehr Jork bei Stade.

FREIWILLIGE FEUERWEHR
JORK
STD-J 3774

Die Magirus-Fahrgestelle M 27 und M 30 wurden auch zum Aufbau von Drehleitern mit mittleren Steighöhen recht häufig verwandt. Diese Fahrzeuge leisteten in Ausnahmefällen sogar bis Ende der siebziger Jahre vor allem bei kleineren Feuerwehren Dienst, denn Neubeschaffungen sind sehr teuer und die entsprechenden Geldmittel von weniger finanzstarken Gemeinden oft nur schwer aufzubringen. So mußten sich viele Wehren behelfen und durch optimalen Unterhaltungs- und Pflegezustand die im Grunde überalterten Fahrzeuge weiterhin einsatzbereit halten. Die Langlebigkeit dieser Fahrzeuge spricht für die Dauerhaftigkeit der damaligen Konstruktionen, die von Feuerwehrwagen der heutigen Zeit wohl kaum erreicht werden dürfte! Die oben abgebildete und von Magirus aufgebaute DL 24 (mit mechanischem Antrieb) auf M 30-Fahrgestell aus dem Jahre 1938 befand sich im September 1981 bei der Feuerwehr Celle noch als Reservefahrzeug im Dienst. Aus Platzmangel war der Wagen in einem Geräteschuppen außerhalb der Hauptwache abgestellt. Ebenfalls noch im Einsatz befindlich war die auf dem M 27-Chassis erstellte Magirus DL 20, die durch Umbau aus einem 1935 gebauten LF 15 entstand. Bei der Werksfeuerwehr der Stahlwerke Röchling in Burbach/Saar leistete der Leiterwagen im Mai 1982 noch gute Dienste. Beachtenswert ist die Abstützung des Leiterparks, um eine ruhige Lagerung der Leiter während der Fahrt zu gewährleisten.

WERKFEUERWEHR
STAHLWERKE
RÖCHLING-BURBACH
WERK BURBACH
SB A 7368

Im »polizeigrünen« Anstrich der damaligen Feuerschutzpolizei restauriert, präsentiert sich die hier abgebildete Kraftfahrspritze (KS) 15 der Feuerwehr Mittenwald. Das Fahrgestell, ein Magirus M 30 LK, war mit 60 PS und 3444 ccm Hubraum etwas schwächer motorisiert als das der Fahrzeuge auf den vorangegangenen Seiten. Das mit einer Vorbaupumpe ausgerüstete Fahrzeug wurde 1938 für 11 800 Reichsmark von der Mittenwalder Feuerwehr erworben und stand bis zum Jahre 1965 im Einsatzdienst. Leider sind Leiterpark und Schlauchhaspel nicht mehr vorhanden. Der Wagen konnte nach einigen Hindernissen im August 1985 auf die Platte gebannt werden.

Ebenfalls 1938 gebaut wurde die hier abgebildete Kraftfahrdrehleiter auf Magirus-M 40-Fahrgestell. Der Magirus-Leiterpark hatte ursprünglich eine Auszugslänge von 26 m; offensichtlich wurde aber später ein Teil der Leiterbestückung entfernt. Der Magirus M 40 verfügte über einen Sechszylinder-Diesel mit 7412 ccm Hubraum. Die Leistung von 110 PS wurde bei 2000 U/min erreicht. Der Kraftstoffverbrauch lag bei ca. 33 Litern, die Höchstgeschwindigkeit bei 65 km/h. Das vermutlich an das Reichsluftfahrtministerium (RLM) gelieferte Fahrzeug befand sich bis 1980 bei der Feuerwehr Gotha/DDR im Einsatzdienst und konnte im Juli 1981 bei einem Sammler aufgenommen werden.

FREIWILLIGE
WERKFEUERWEHR
BERGBAU AG OBERHAUSEN
3300 kg

Das Nachfolgemodell der Magirus-M 40/M 45-Typen – der berühmte langhaubige L 145 – wurde in der hier gezeigten Ausführung von 1938 bis Ende 1940 gebaut und auch in ansehnlichen Stückzahlen für Feuerwehrzwecke verwendet. Auf diese Fahrgestelle wurden vorwiegend Kraftfahrspritzen (KS) 25 und Kraftfahrdrehleitern (KL) 26, in geringeren Stückzahlen aber auch Fahrzeuge für andere Verwendungszwecke wie Schlauch- und Rüstwagen sowie Kraftfahrtankspritzen aufgebaut. Die für Drehleitern verwendeten Fahrgestelle wurden als »FL«, die der übrigen Varianten des Feuerwehrfahrzeugbaus als »FS« bezeichnet. Auch nach Kriegsende zählten diese leistungsfähigen Fahrzeuge zu den Hauptstützen im Feuerwehrdienst – vereinzelt befanden sich sogar noch Anfang der achtziger Jahre einige wenige Exemplare im Einsatz. Links im Bild ein LF 25 (Bezeichnung der KS ab 1943) von 1940, aufgenommen im Oktober 1981 bei der Kokerei Osterfeld, wo der Wagen bei der dortigen Werksfeuerwehr im Dienst stand. Seit 1982 befindet sich das Fahrzeug in Privatbesitz und wurde zwischenzeitlich restauriert. Hier sehen wir das imposante Fahrzeug noch im Zustand vor der Restaurierung. Oben ein Fahrzeug gleichen Typs und Baujahrs, fotografiert bei der Feuerwehr Velbert im September 1980. Auch dieser Wagen ist mittlerweile aus dem aktiven Dienst ausgeschieden, wurde aber von Sammlern erhalten.

Das Reichsluftfahrtministerium (RLM) beschaffte ab Mitte der dreißiger Jahre Kraftfahr-Drehleitern mit 26 m Auszugslänge, die auf verschiedene Fahrgestelle, u. a. auch auf das des Magirus-Deutz FL 145 aufgebaut wurden. Unter der gewaltigen Haube dieses Modells arbeitete der wassergekühlte Sechszylinder-Deutz-Diesel-Reihenmotor F 6 M 516, der 9123 ccm Hubraum besaß und 125 PS leistete. Bis Ende der sechziger Jahre gehörten diese Fahrzeuge auch zu den Einsatzbeständen großer Berufsfeuerwehren. Bis in die heutige Zeit überlebten lediglich einige Exemplare bei Sammlern oder als Museumsstücke bei Feuerwehren. Ein gutes Beispiel ist die oben abgebildete Drehleiter, die auf eine wechselvolle Geschichte zurückblicken kann. Vom RLM 1940 beschafft, ging sie nach Kriegsende an die Berufsfeuerwehr der Stadt Duisburg, die sie 1963 aussonderte und an eine ortsansässige Gebäudereinigungsfirma verkaufte. Anfang 1981 wurde der mittlerweile nur noch als fahrbares Arbeitsgerät zugelassene und blau umlackierte Wagen vom Autor entdeckt, der den Tip an das Feuerwehrmuseum Salzbergen weitergab. Das Fahrzeug wurde von der Salzbergener Wehr erworben und präsentierte sich bereits im August 1981 frisch restauriert der Kamera. Der rechts gezeigte Wagen gehörte früher der Feuerwehr Neumünster. Der 1941 aufgebaute und später mit Auer-Rundumkenleuchten ausgerüstete Feuerwehrwagen konnte im Juni 1983 bei der Hamburger Magirus-Vertretung fotografiert werden.

HH-1917
Freiwillige
Feuerwehr
Altstadt

Freiwillige Feuerwehr
Loy-Barghorn
WST-Y 657

1940 wurde der Magirus M 30 vom Klöckner-Humboldt-Deutz-(KHD)-Typ S 330 – Magirus hatte 1936 mit dem Motorenhersteller KHD fusioniert – abgelöst. Schon bald wurde der neue 3-t-Typ in S 3000 umbenannt. Er bewährte sich so gut, daß er in sehr großen Stückzahlen produziert werden konnte. Für Feuerwehrzwecke wurden auf dieses Fahrgestell vor allem vereinheitlichte »Schwere Löschgruppenfahrzeuge« aufgebaut, die ab 1943 als LF 15 bezeichnet wurden. Die Aufbauten erstellte bis auf wenige Ausnahmen Magirus selbst. Eine solche Ausnahme zeigt die Abbildung links. Es ist ein von Metz 1942 aufgebautes LF 15, das sich deutlich von der bei Magirus üblichen Karosseriegestaltung unterscheidet. Beachtenswert ist das runde Klöckner-Zeichen, das zu dieser Zeit das bisher verwendete stilisierte Ulmer Münster ersetzt hatte. Das sehr gepflegte Fahrzeug wurde im Februar 1983 beim Löschzug Borghorn der Feuerwehr Rastede auf die Platte gebannt. Es sollte bald durch ein neues Einsatzfahrzeug ersetzt werden. Hoffentlich ist dieser historisch wertvolle Wagen in gute Hände geraten! Oben ein in »Polizeigrün« restauriertes und im Juni 1987 aufgenommenes LF 15 der Feuerwehr Mainleus bei Kulmbach. Dem Vernehmen nach soll das Fahrzeug in Notfällen sogar noch eingesetzt werden!

FEUERWEHR
STADT PEINE
PE-D 823

Der KHD-Typ FS 330 bzw. S 3000 verfügte damals noch über einen wassergekühlten Vierzylinder-Dieselmotor, der 80 PS leistete. Erst 1948 wurde dieses Aggregat durch ein solches mit Luftkühlung ersetzt, das in der Folgezeit von Magirus beibehalten wurde.
Die bis 1948 gebauten Fahrzeuge sind leicht an den Lüftungsgittern und vor allem an dem oberhalb des Kühlers angebrachten Wassereinfüllstutzen zu erkennen. Diese soliden und zuverlässigen Wagen waren lange Zeit aus den Fahrzeugbeständen der Feuerwehren nicht wegzudenken. Einige wenige Exemplare dieser Epoche kann man selbst heute noch, zumeist in optimalem Pflegezustand, im Einsatz antreffen. Dazu zählt auch mit ziemlicher Sicherheit das links gezeigte Fahrzeug, ein LF 15 auf S 3000-Fahrgestell von 1941, das im April 1985 bei der Feuerwehrtechnischen Zentrale (FTZ) Peine aufgenommen wurde. Der zumindest noch für Reservedienste verwendete Wagen entspricht im wesentlichen noch dem Bauzustand der Ablieferung. Heute vermutlich nicht mehr vorhanden ist das oben abgebildete, ebenfalls 1941 gebaute und sehr gepflegte LF 15 der Feuerwehr Neu-Ulm. Im Juni 1981 befand sich der Wagen bei einem Löschzug dieser Wehr im Einsatz.

Bis zum Ende des Jahres 1952 wurde das LF 15 der Kriegszeit ohne wesentliche Änderungen von Magirus weiterproduziert und erst dann von den Rundhauber-Modellen abgelöst. Die Motorleistung des nunmehr luftgekühlten Antriebsaggregats wurde von anfangs 75 PS im Jahre 1949 auf 85 PS erhöht. Gleichzeitig konnte man die Nutzlast des Fahrgestells auf 3,5 t steigern, so daß die Typenbezeichnung nun S 3500 lautete. Hier ein 1951 an die Feuerwehr Kandel geliefertes Fahrzeug dieser Bauserie, das sich im Juni 1984 auch dort noch im Einsatz befand.

1950 entstand aus einer Ausschreibung des Landes Hessen das sog. »Hessen-TLF«. Dieser Typ, der auch von Metz gebaut wurde, verfügte über eine besonders umfangreiche Geräteausstattung, die fast an die eines Löschgruppenfahrzeuges heranreichte. Schon äußerlich waren diese Fahrzeuge an der charakteristischen Vorbaupumpe und der hohen Dachbeladung erkennbar. Auf diesem Bild ist ein im Juni 1981 beim Löschzug Manderbach der Feuerwehr Dillenburg im Einsatzdienst befindliches »Hessen-TLF« in der Magirus-Version zu sehen. Die Wehrmänner waren mächtig stolz auf ihr Fahrzeug, hatten sie doch trotz moderner Konkurrenz mit ihrem »alten Zossen« vor kurzem noch einen ehrenvollen zweiten Platz in einem Leistungswettbewerb belegen können!

Drehleitern mit Steighöhen von 22 und 25 m wurden ebenfalls auf S 3000/S 3500-Fahrgestelle aufgebaut. Im Juni 1948 wurde – als erste Drehleiter nach dem Kriege überhaupt – eine DL 22 mit mechanischem Antrieb auf dem S 3000-Chassis vorgestellt. Anfangs wurden die Drehleitern von Magirus mit der während des Krieges üblichen Truppkabine geliefert, später bevorzugte man meist das geräumigere Staffelfahrerhaus. In Ermangelung leichter Fahrgestelle mußte dieses 3–3,5 t-Chassis teilweise auch für Magirus-DL 17 verwendet werden, die über ein Truppfahrerhaus verfügten. Auf diesem Bild ist eine solche 1950 an die Feuerwehr Leer/Ostfriesland gelieferte Drehleiter zu sehen, die im August 1985 noch zum Einsatzbestand dieser Wehr gehörte.

Ebenfalls 1948 brachte Magirus das Tanklöschfahrzeug TLF 15/48 auf den Markt. Im Gegensatz zu den im Kriege entwickelten TLF 15, die mit Truppfahrerhaus ausgeführt waren, verfügte dieses Modell über eine Staffelkabine. Die Zahl »48« weist in diesem Fall nicht auf den Radstand, sondern auf das Entwicklungsjahr hin – einer bei Magirus zu dieser Zeit üblichen Bezeichnungsart. Während der Pumpenstand am Heck weiterhin offen blieb, waren an beiden Seiten des 2400-l-Löschwassertanks schon Gerätekästen angebracht. Anfang der achtziger Jahre konnte man – besonders bei Wehren kleinerer Gemeinden und bei Werksfeuerwehren – doch noch so manchen dieser Veteranen im Einsatz antreffen. So auch den hier abgebildeten Wagen der Feuerwehr Bochingen, der, 1950 gebaut, im Oktober 1984 im Bild festgehalten werden konnte.

1950 erschien das bisher in halboffener Bauweise ausgeführte TLF 15 in einer völlig neu gestalteten, den Omnibussen der damaligen Zeit nachempfundenen Form. Diese und die entsprechend gestalteten Fahrzeuge der nachfolgenden Rundhauber-Generation wurden deshalb als »Omnibusausführung« bezeichnet. Während Kotflügel und Kühlerattrappe gleich blieben, wurde die Motorhaube der gerundeten Linienführung des Aufbaus angepaßt. Die gesamte Ausrüstung wurde einschließlich Tank, Pumpe, Steckleitern u.a. innerhalb des Aufbaus gelagert. Die Fahrzeuge hatte man mit viel Chromzierat versehen, was das äußere, wohlproportionierte Erscheinungsbild positiv beeinflußte. Die vielen kleinen Klapptüren des Geräteaufbaus waren im Einsatz allerdings oft hinderlich. Diese auf dem Magirus-S 3500-Fahrgestell aufgebauten Tanklöschfahrzeuge wurden betriebsintern als TLF 15/50 bezeichnet und bis etwa 1952, dem Erscheinungsjahr des Rundhaubers, produziert. Um diesen Typ von den anderen Magirus-Modellen besser unterscheiden zu können, bezeichnet der Autor diese erste Omnibusausführung schon seit langem als sog. »konischen Eckhauber«. In den achtziger Jahren konnte man noch so manches TLF dieser Epoche im Einsatz antreffen. Rechts ein im April 1984 bei der Feuerwehr Herzberg, Löschzug Pöhlde fotografiertes Exemplar, das 1951 gebaut und mit einer Auer-Rundumkennleuchte versehen worden war. Das Fahrzeug links, ebenfalls 1951 gebaut, wurde zu einem Lastkraftwagen (Kipper) umfunktioniert. Der im November 1980 bei der Feuerwehr Recklinghausen beheimatet gewesene Wagen ist heute nicht mehr vorhanden.

FREIWILLIGE FEUERWEHR
STADT HERZBERG am HARZ
OT POHLDE
OHA D 284

Ab 1950 fertigte Magirus einige Drehleitern mit 26 und 30 m Steighöhe und Rüstkranwagen (RKW) 7 auf dem 6-t-Fahrgestell des S 6000. Dieses Fahrgestell war nur für den Feuerwehrbereich erhältlich und wurde bald durch ein entsprechendes Rundhauber-Modell abgelöst. Die erwähnten Rüstkranwagen waren mit einer in den Aufbau eingelassenen 7-t-Krananlage und umfangreichem technischem Gerät ausgerüstet. Stilistisch lehnten sich diese Fahrzeuge an die damals aktuelle Omnibusform an. Unter der gerundeten voluminösen Haube des S 6000 arbeitete der Sechszylinder-Motor F 6 L 514 mit 125 PS, 2250 U/min und 7983 ccm Hubraum. Von diesen nur in ganz wenigen Exemplaren gebauten Bergefahrzeugen befanden sich Anfang der achtziger Jahre – nach über 30 Jahren – noch immer Fahrzeuge im Einsatz. Auffallend, daß dieser Typ nur noch im Saarland anzutreffen war; vielleicht wurden diese RKW auch nur nach dort geliefert. Hier ein im Mai 1982 bei der Feuerwehr Völklingen aufgenommenes, 1951 gebautes Fahrzeug. Die Abbildung rechts zeigt eine auf Magirus-Deutz S 3500 aufgebaute DL 25 von 1951, deren Staffelkabine in der Omnibuslinie des TLF 15/50 gehalten ist. In dieser Ausführung gab es auch Drehleitern mit 22 m Auszugslänge. Der sehr gepflegte Feuerwehrwagen gehörte im März 1983 zum Bestand der Werksfeuerwehr der EBV-Schachtanlage Westfalen in Ahlen.

ESCHWEILER BERGWERKS-VEREIN
BERGBAUBETRIEBE WESTFALEN
WAF-PH709

Im Jahre 1952 begann bei Magirus mit der Vorstellung eines neugestalteten TLF 15 die Ära der Rundhauber-Fahrzeuge. Diese markanten und formal sehr fortschrittlich gestalteten Fahrgestelle sind aus der Geschichte des Feuerwehr-Fahrzeugbaus der Nachkriegszeit nicht wegzudenken. Mit diesem neuen TLF 15 wurde auch die Omnibusbauform des TLF 15/50 übernommen und der neuen Haubenform angepaßt. Magirus blieb in der Folgezeit – bis zum Erscheinen der abgesetzten Bauform – konsequent der Omnibusstilrichtung treu. Die runde Haube ließ die Fahrzeuge der Omnibuslinie optisch noch vorteilhafter als mit der bisherigen eckigen (konischen) Haube erscheinen. Anfangs wurden nur Tanklöschfahrzeuge in dieser Art hergestellt; etwas später aber auch Löschgruppenfahrzeuge und andere Bauarten. Die weiterhin unter der Bezeichnung S 3500 angebotenen Fahrzeuge waren mit einer luftgekühlten Vierzylinder-Deutz-Maschine mit 85 PS ausgestattet. Später wurde der V-6-Motor F 6 L 614 mit 125 PS Leistung bevorzugt, der auch dem mit Turboaufladung nur 115 PS leistenden Aggregat des Hauptkonkurrenten Daimler-Benz mit den L 3500/L 311-Typen überlegen war. Auf der linken Abbildung ein LF 15-TS von 1954, aufgenommen im Oktober 1984 bei der Feuerwehr Blumberg. Das Fahrzeug weist als Besonderheit eine Vorbaupumpe auf. Bei den Löschgruppenfahrzeugen mußte der Leiterpark aus Platzgründen auf dem Fahrzeugdach befördert werden. Ganz vereinzelt gab es auch Omnibus-TLF 15 auf dem langen 4,20-m-Fahrgestell mit Allradantrieb. Der rechts gezeigte Wagen dieser Bauart wurde 1953 an die Feuerwehr Aurich geliefert und im August 1985 fotografiert.

MAGIRUS DEUTZ
FREIWILLIGE FEUERWEHR
AURICH/OSTFRIESLAND
Notruf
FEUERWEHR
112
AUR A 634

Neben der bereits geschilderten Omnibuslinie wurden TLF 15 aber auch in der sog. »offenen Bauweise« mit separaten abgesetzten Kofferaufbauten angeboten. Beide Ausführungen hatten eine in der Fahrzeugmitte eingebaute Feuerlöschkreiselpumpe. Beim Omnibustyp lag der Bedienstand im Aufbau; bei der abgesetzten Bauweise offen am Fahrzeugende. Nachdem – soweit feststellbar – 1955 die letzten Omnibusexemplare des TLF 15 gefertigt wurden, verschwand dann der heckseitige Pumpenstand in einer Verkleidung. 1955 wurde das TLF 15 in der Norm durch das TLF 16 abgelöst. Tanklöschfahrzeuge wurden nun überwiegend mit Allradantrieb, kombiniert mit dem kurzen 3,70-m-Fahrgestell, geordert. Nur relativ wenige Exemplare wurden mit Straßenantrieb geliefert. Oben ein solches TLF 16 von 1956, das im Juni 1983 bei der Feuerwehr Saarbrükken, Löschzug Güdingen, angetroffen wurde. Dieses Fahrzeug weist als Besonderheit einen bis zu den Trittbrettern heruntergezogenen Geräteaufbau auf. Die Aufnahme rechts hingegen zeigt ein TLF 16 von 1955 in der Standardbauweise mit Allradantrieb. Die Kotflügel des im Oktober 1984 bei der Feuerwehr Horb/Neckar fotografierten Fahrzeugs sind noch schwarz lackiert.

FREIW. FEUERWEHR
KREISSTADT HORB
HOR-206

FREIWILLIGE FEUERWEHR
KIRCHWEYHE
MAGIRUS DEUTZ
6.2 t
3.15 t
9.2 t
SY-Y 448

Eine Tanklöschfahrzeug-Sonderbauart für das Land Niedersachsen war das nur mit dem handelsüblichen Lkw-Fahrerhaus ausgebildete TLF 15-T (Truppkabine), das 1955 ebenfalls in der Norm durch die Baugröße TLF 16-T ersetzt wurde. Die Fahrzeuge besaßen einen auf 2800 l vergrößerten Wasservorrat, mußten dafür aber mit reduzierter Besatzung und Ausrüstung vorliebnehmen. Dadurch waren diese speziell für die Bekämpfung von Flächenbränden und für den Wasser-Zubringerverkehr vorgesehenen Fahrzeuge meist nicht in der Lage, einen selbständigen Löschangriff durchzuführen. Besonders die nur drei Mann umfassende Besatzung war hierfür nicht ausreichend. Die in der Regel mit Allradantrieb und einer Schnellangriffseinrichtung am Heck ausgebildeten Fahrzeuge verfügten auch oftmals über ein auf dem Dach des Geräteaufbaus angeordnetes Wendestrahlrohr. Links ein TLF 16-T auf dem Fahrgestell des Magirus-F-Mercur 125 A von 1956, das im Februar 1983 bei der Feuerwehr Kirchweyhe bei Bremen im Einsatzbestand angetroffen wurde. Diese Tanklöschfahrzeuge erwiesen sich als recht langlebig, denn auch heute dürfte noch so manches Exemplar bei kleineren Wehren im Dienst stehen.
Oben ein »normales« TLF 16 gleichen Baujahrs und Fahrgestells, das die Feuerwehr Forchheim in Dienst stellte. Im September 1986 wurde das zwischenzeitlich an die Feuerwehr Wiesentheid verkaufte Fahrzeug bei dieser Wehr entdeckt.

Nur sehr zögernd löste sich Magirus von der zwar optisch sehr ansprechenden, manchmal allerdings nicht besonders praktischen Omnibusbauweise. Während das TLF 16 bereits seit Mitte der fünfziger Jahre in abgesetzter Bauweise ausgeführt wurde, fertigte man für das Löschgruppenfahrzeug LF 16 in den Jahren 1956 und 1957 eine der Omnibuslinie angelehnte Ausführung, die man unter Verwendung des handelsüblichen Lkw-Fahrerhauses gestaltet hatte. Die Linienführung dieser aus Kostengründen derart ausgebildeten Bauform war nicht als sehr gelungen zu bezeichnen. Ungefähr ab Anfang 1958 gestaltete Magirus schließlich auch die Löschgruppenfahrzeuge in der abgesetzten Bauweise. Die Mannschaftskabine bildete wieder eine geschlossene Einheit. Diese auf dem Typ Magirus-Deutz F Mercur 125 aufgebauten Fahrzeuge verfügten über den luftgekühlten Sechszylinder-Dieselmotor F 6 L 614 mit einem Hubraum von 7983 ccm und einer Motorleistung von 125 PS bei 2300 U/min. Während das Standard-LF in normalem Straßenantrieb ausgeführt war, beschafften vor allem ländliche Gemeinden diese Fahrzeuge auch mit Allradantrieb. Oben ein noch in der Omnibusbauform gehaltenes LF 16 von 1957, das bei der Werksfeuerwehr Steinmüller, Gummersbach, im Februar 1982 aufgenommen wurde. Der hervorragend gepflegte Wagen stand auch 1989 noch im Einsatz! Das Bild gegenüber zeigt ein 1960 gebautes LF 16 der Feuerwehr Uelzen, gestaltet in der abgesetzten Ausführung mit Straßenantrieb. Diese Aufnahme entstand im August 1985.

MAGIRUS DEUTZ
FREIW. FEUERWEHR
UELZEN
FEUERWEHR
NOTRUF
112
UE-L 474

Notruf
112
MAGIRUS-DEUTZ
Freiwillige Feuerwehr
Karlum
NF-CA 855

Recht selten sind Fremdaufbauten auf Magirus-Deutz-Fahrgestellen, da die Feuerwehr-Ausrüsterfirma Magirus in der Regel auch die Lastwagenfahrgestelle aus dem eigenen Hause verwendete. Zu den wenigen Ausnahmen zählt das auf der linken Abbildung gezeigte LF 16, das die Firma Bachert im Jahre 1962 an die Berufsfeuerwehr Flensburg lieferte. Dort wurde der Wagen Ende der siebziger Jahre ausgesondert und an eine Ortswehr irgendwo im nördlichen Schleswig-Holstein verkauft. Der Verbleib war lange Zeit nicht zu klären, obwohl sich die BF Flensburg nach Kräften zu helfen bemühte. Unterlagen, aus denen der Käufer des Fahrzeugs hervorging, waren nicht mehr vorhanden. Erst nach umfangreichen Recherchen und einer großen Portion Glück gelang es dem Autor im Frühjahr 1988, den Standort ausfindig zu machen. Es ist die Gemeinde Karlum nahe der dänischen Grenze, in der das Fahrzeug noch heute gute Dienste leistet. Beachtenswert ist die im Vergleich zu den von Magirus aufgebauten Löschgruppenfahrzeugen abweichende Linienführung dieses Bachert-Modells. Oben ein Standard-Löschgruppenfahrzeug LF 16 mit Magirus-Aufbau in der letzten Bauausführung von 1961 auf dem F Mercur 125 A-Fahrgestell. Die allradgetriebene Version – wie hier abgebildet – wurde vor allem von Wehren ländlicher Gemeinden beschafft, die auch Einsätze abseits befestigter Straßen zu fahren hatten. Dieser bei der Feuerwehr Neheim-Hüsten beheimatete Wagen wurde im April 1984 fotografiert.

Am Beispiel eines von der Berliner Feuerwehr-Aufbaufirma Glasenapp erstellten Fahrzeugs soll ein von einer Fremdfirma auf dem Magirus-Rundhauber-Fahrgestell aufgebautes TLF 16 vorgestellt werden. Der 1959 an die Berufsfeuerwehr Berlin gelieferte Wagen wurde auf dem Allrad-Fahrgestell F Mercur 125 A aufgebaut und stand dort bis zum Jahre 1975 im Einsatz. Einige Zeit später ging das Tanklöschfahrzeug in den Besitz des Löschzuges Langenbach der Feuerwehr Geroldsgrün im Frankenwald über. Dieses seltene und ungewöhnliche Fahrzeug konnte der Autor im Juni 1987 während einer ernstfallmäßigen Übung in einem Vorort Bad Stebens fotografieren. An dieser Stelle soll erwähnt werden, daß die Firma Glasenapp Feuerwehraufbauten nur für den Westberliner Stadtbereich lieferte. Das Foto rechts zeigt ein von Magirus aufgebautes TLF 16 von 1957 in der zum Ende der fünfziger Jahre überwiegend georderten Standardausführung mit Allradantrieb. Diese Fahrzeuge erfuhren eine weite Verbreitung. Bis zum Ende der Rundhauber-Ära, auch für die nachfolgende Eckhauber-Generation, wurde dieser abgesetzte Aufbau ohne wesentliche Änderungen beibehalten. Aufgenommen wurde dieses Fahrzeug im Juni 1987 bei der Feuerwehr Selbitz.

MAGIRUS-DEUTZ
FREIWILLIGE FEUERWEHR
STADT SELBITZ
Feuerwehr 112
NAI-H 81
6.5

Feuerwehr
112
PERCHA

Im Jahre 1952 begann Magirus-Deutz mit der Herstellung von Drehleitern auf dem Rundhauber-Fahrgestell des Typs S 3500. Neben den schon aus der Kriegszeit bekannten Leitern mit 22 m Steighöhe wurden vor allem auch solche mit 25 m Auszugslänge gefertigt. Die Leiterantriebe beider Ausführungen erfolgten auf mechanischem Wege. Nachdem Magirus 1953 die erste DL 25 mit hydraulischem Leiterantrieb vorgestellt hatte, standen bis Anfang der sechziger Jahre beide Techniken zur Wahl, wobei sich die hydraulische Ausführung immer mehr durchsetzen konnte. Mechanische Leitern wurden in der Folgezeit fast nur noch für Leitern mit geringen Auszugslängen gefertigt. Auf der linken Seite ist zunächst eine DL 22 mit mechanischem Antrieb abgebildet. Das auf dem Typ S 3500 aufgebaute Fahrzeug verfügt über einen Radstand von 4,20 m. Der noch im alten Leiterprofil gehaltene Leiterpark besaß zusätzlich einen Handauszug von 2 m Länge. Das Fahrzeug wurde 1954 von der Feuerwehr Starnberg beschafft und stand noch im September 1986 beim Löschzug Percha im Einsatz. Hervorzuheben ist der ausgezeichnete Pflegezustand des Fahrzeugs. Die Abbildung oben zeigt eine mechanische DL 25 mit neuem Leiterprofil von 1956, aufgebaut auf dem F Mercur 125-Fahrgestell. Der Wagen gehörte zum Bestand der Werksfeuerwehr der Zeche Niederberg in Neukirchen-Vluyn, bei der er sich im Juni 1981 noch im Einsatzdienst befand.

5
FEUERWEHR
STADT PEINE
Feuerwehr
112
PE-D 826

Obwohl im Normalfall die Feuerwehren Drehleitern mit Staffelkabinen beschafften, wurden verschiedentlich – vermutlich aus Kostengründen – auch solche mit Truppfahrerhäusern geordert. Die links gezeigte DL 30 mit hydraulischem Leiterantrieb wurde erst im Jahre 1963 von der Feuerwehr Peine beschafft und gehört damit offensichtlich zu den letzten Feuerwehrfahrzeugen, die auf einem Rundhauber-Fahrgestell aufgebaut wurden. Das Fahrgestell war mit dem luftgekühlten Sechszylinder-Dieselaggregat F 6 L 614 mit 125 PS Leistung ausgerüstet und besaß den langen Radstand von 4,8 m, der bei Drehleitern dieser Auszugslänge üblich war. Im August 1985 war dieses Fahrzeug im Einsatzdienst bei der Feuerwehrtechnischen Zentrale (FTZ) Peine anzutreffen. Die Abbildung oben hingegen zeigt eine mit mechanischem Antrieb ausgeführte und auf dem S 3500-Fahrgestell aufgebaute DL 25 von 1956. Für diese kürzere Leiter war der 4,20-m-Radstand – im Gegensatz zum gegenüber gezeigten Fahrzeug – ausreichend. Der bei der schleswig-holsteinischen Feuerwehr Niebüll beheimatete Wagen zählte auch im April 1988 noch nicht zum alten Eisen!

Für Drehleitern mit 30 m Steighöhe stand auch wahlweise das schwere Magirus-Deutz-S 6500-Fahrgestell zur Verfügung. Diese Ausführung war zwar erheblich teurer als die auf den leichteren Fahrgestellen S 3500 oder F Mercur 125 erstellten Drehleitern gleicher Auszugslänge, dafür bot sie aber durch das größere Gewicht und die tiefere Schwerpunktlage bessere Fahreigenschaften und höhere Standsicherheit im Einsatz. Drehleitern mit Steighöhen über 30 m wurden von Magirus ausschließlich auf dem Typ S 6500, der später als Jupiter bezeichnet wurde, gefertigt. Für den Export kam es auch vor, daß hin und wieder ein fremdes Fahrgestell auf ausdrücklichen Kundenwunsch hin verwendet wurde. Der S 6500 war mit dem luftgekühlten V-8-Dieselmotor mit 10570 ccm Hubraum und 170 PS Leistung ausgerüstet. Auf der linken Seite ein 1954 an die Berufsfeuerwehr Stuttgart geliefertes Fahrzeug dieser Art, das dort im Juni 1981 als Reserveleiter im Dienst stand. Zur Zeit wird das Fahrzeug als Museumsstück aufgearbeitet. Ab ca. 1957 wurden DL 30 überwiegend auf dem F Mercur 125-Fahrgestell mit langem Radstand aufgebaut. Diese Version wurde bis zum Ende der Rundhauber-Fertigung als Standarddrehleiter produziert. Der Leiterantrieb erfolgte hydraulisch. Das rechte Bild zeigt ein bei der Berufsfeuerwehr Düsseldorf im Mai 1980 auf der Wache 7 (Wersten) aufgenommenes Fahrzeug von 1961. Dieses Leiterfahrzeug ist schon vor einigen Jahren außer Dienst gestellt worden.

FEUERWEHR
DÜSSELDORF
D-2272

FEUER-UNFALL
NOTRUF
112
KRANKENWAGEN
2461
Berufsfeuerwehr
Stadt Essen
MAGIRUS-DEUTZ
E 2504

Nur sehr zögerlich setzte nach Kriegsende die Beschaffung von Schlauchwagen ein, da oft noch eine ausreichende Anzahl Fahrzeuge der Kriegsgeneration vorhanden war, die erst aufgebraucht wurde. Auch war die Beschaffung anderer Fahrzeugarten (z.B. von Tanklöschfahrzeugen) im Augenblick dringlicher. Metz und Magirus lieferten erst ab etwa Mitte der fünfziger Jahre einige wenige Exemplare an verschiedene Wehren. Das Bild links zeigt einen auf dem F Mercur 125 A (Allrad-Fahrgestell) mit Truppkabine und Vorbauseilwinde versehenen SW 2000, der im Jahre 1960 von der Berufsfeuerwehr Essen beschafft wurde. Das Ungewöhnliche an diesem 2000 m Schlauch fassenden Fahrzeug ist der Metz-Aufbau, der – wie bereits erwähnt – auf Magirus-Deutz-Fahrgestellen nur äußerst selten zur Anwendung kam. Die Abbildung entstand im Oktober 1980 auf der Wache Kupferdreh. Das Foto oben hingegen zeigt ebenfalls einen SW 2000, der 1955 von Magirus auf dem S 3500 A-Fahrgestell aufgebaut und an die Feuerwehr Donauwörth geliefert wurde. Das Feuerwehrfahrzeug ist mit Staffelkabine und Vorbaupumpe ausgeführt und unterscheidet sich deutlich von der Metz-Ausführung auf dem Bild gegenüber. Noch im Juli 1988 konnte dieser Veteran beim Löschzug Zirgesheim dieser Wehr im Einsatz angetroffen werden.

Freiw. Feuerwehr
Küssaberg
WT YR 90

Ein besonderes und vielfältiges Kapitel unter den Feuerwehrfahrzeugen schreiben die Sonderlöschfahrzeuge der Industrie. Vor allem bei Werksfeuerwehren von Raffinerien oder chemischen Betrieben sind diese Spezialfahrzeuge zahlreich vertreten. Sie sind, im Gegensatz zu den genormten Löschfahrzeugen der »zivilen« Feuerwehren, meistens nach den Vorstellungen und Bedürfnissen der jeweiligen Besteller ausgeführt. Die Beladung besteht überwiegend aus Sonderlöschmitteln wie Schaummittel oder Löschpulver. Hier zwei auf schwere Magirus-F-Jupiter-Fahrgestelle aufgebaute Fahrzeuge dieser Art. Links ein Zumischer-Löschfahrzeug (ZLF) 24/62, das über 6200 l Sonderlöschmittel verfügt. Zusätzlich ist eine Vorbaupumpe mit einer Leistung von 2400 l/min angebaut. Der erst 1966 gebaute Wagen wurde ursprünglich von der Werksfeuerwehr Esso, Karlsruhe, beschafft und Anfang der achtziger Jahre an die Feuerwehr Küssaberg abgegeben, wo die Aufnahme im Oktober 1984 entstand. Die Tankfüllung des Fahrzeugs besteht nunmehr nur noch aus Wasser. Ähnlich ist das oben abgebildete ZLF 24/52, das 1963 von der Firma OMW, Karlsruhe, in Dienst gestellt wurde. Mittlerweile ist die Feuerwehr Insheim neue Besitzerin des Fahrzeugs. Aufnahmedatum ist der Juli 1987.

Das Trocken-Tanklöschfahrzeug (TroTLF) 16 zählt ebenfalls zur Gruppe der Sonderlöschfahrzeuge, die zu Beginn der sechziger Jahre zunehmend an Bedeutung gewannen. Diese Fahrzeuge wurden von Magirus anfänglich unter der Bezeichnung TROWA (Trockenwasser) geführt. Neben einem Wassertank von zuerst 1500, ab 1960 1800 l Inhalt bestand die Beladung aus einer Pulverlöschanlage der Firma Total mit einem Fassungsvermögen von 750 kg. Zur Verwendung gelangten die gleichen Fahrgestelle wie für LF und TLF 16. Ein Teil der TroTLF 16 wurde auf Allrad-Fahrgestelle aufgebaut, wie auf der linken Abbildung zu sehen ist. Dieses auf dem Magirus-Deutz F 126 D 11 A erstellte Fahrzeug wurde 1963 von der Berufsfeuerwehr Bremerhaven bestellt und stand, als letzter überlebender Rundhauber dieser Wehr, dort noch im Oktober 1987 im Einsatzdienst. Auf der rechten Seite ein mit Straßenantrieb ausgebildetes, auf dem F Mercur 125-Fahrgestell aufgebautes TroTLF 16 der Werksfeuerwehr Neynaber-Chemie in Loxstedt bei Bremerhaven. Das 1961 gebaute Löschfahrzeug konnte noch im März 1988 auf dem Film festgehalten werden.

MAGIRUS-DEUTZ
Henkel
NEYNABER CHEMIE GMBH
FEUERWEHR
NOTRUF
112
CUX-CA892

Zum Transport der zur technischen Hilfeleistung erforderlichen Werkzeuge und Geräte werden von den Feuerwehren spezielle Gerätewagen benötigt, die es aber für unterschiedliche Verwendungs- und Einsatzarten gibt. So z. B. den GW-Öl, der bei Unfällen mit gefährlichen Flüssigkeiten zum Einsatz gelangt, oder GW-Atemschutz, GW-Licht oder GW-Wasserrettung. Gerätewagen gibt es, je nach Umfang der Beladung, in drei unterschiedlichen Größenordnungen als GW 1, 2 und 3. Die mittelschweren Fahrgestelle von Magirus-Deutz wurden in der Regel für GW 2 verwendet. Sehr häufig wurden Gerätewagen auf Allrad-Fahrgestelle aufgebaut, um ausreichende Beweglichkeit im Gelände zu sichern. Die Abbildung oben zeigt einen auf F Mercur 125 A von Magirus aufgebauten GW 2-Öl von 1961, aufgenommen im August 1985 bei der Feuerwehr Ahlen/Westfalen. Rechts hingegen ein GW 2 auf dem F Mercur 145 A-Fahrgestell, das mit einer auf 145 PS gesteigerten Motorleistung versehen worden war. Das Fahrzeug wurde 1961 von der Berufsfeuerwehr Mülheim/Ruhr beschafft und dort im Mai 1981 fotografiert. Vor einiger Zeit übernahm ein Gummersbacher Sammler den inzwischen aus dem aktiven Dienst ausgeschiedenen Wagen. Beide Fahrzeuge sind mit Vorbau-Seilwinden ausgerüstet.

MAGIRUS DEUTZ
BERUFSFEUERWEHR
MÜLHEIM RUHR
FEUER - UNFALL
NOTRUF
112
MH 2137

Für den Dienst auf Militärflugplätzen wurden von den Besatzungsmächten in den fünfziger Jahren Tanklösch- und Flugfeldlöschfahrzeuge beschafft. Diese wurden nach der Ausmusterung häufig an zivile Feuerwehren verkauft. Als Beispiel soll das auf einem Magirus-Deutz-S 3500-Fahrgestell aufgebaute TLF 15-S 4 von 1954 dienen, das vor einigen Jahren von der Feuerwehr Bad Vilbel/Taunus erworben und dort unter der Bezeichnung TLF 16-T beim Löschzug Heilsbergsiedlung bis 1985 im Dienst stand. Neue Besitzerin ist die Feuerwehr Heppenheim, die das Fahrzeug als Museumsstück von Grund auf restaurierte. Die Aufnahme entstand dort im Juli 1987.

Mitte der fünfziger Jahre wurden sogenannte Hilfsrüstkranwagen (HRKW) von der Regierung des Saarlandes in kleiner Serie beschafft. Diese im Aussehen etwas ungewöhnlichen Fahrzeuge wurden auf S 3500-Fahrgestelle aufgebaut und bei einigen größeren Freiwilligen Feuerwehren stationiert. Die Ausrüstung bestand, neben technischem Gerät, aus einem heckseitig ausklappbaren Kran mit 2 t Hubkraft, der mittels Rollen abgestützt werden konnte. Die Leistung dieser Krananlage war aber kaum ausreichend, um bei Verkehrsunfällen einen Pkw als Hindernis zu beseitigen. Die Motorleistung von 90 PS war für das 9 t schwere Fahrzeug auch nicht als gerade üppig zu bezeichnen. Um so erstaunlicher ist es, daß Anfang der achtziger Jahre noch mehr als ein halbes Dutzend dieser Fahrzeuge bei saarländischen Wehren im Einsatz anzutreffen war. Das links gezeigte Exemplar, Baujahr 1954, wurde im Mai 1982 beim Löschzug Einöd der Feuerwehr Homberg fotografiert.

Feuerwehr
112
FREIWILLIGE FEUERWEHR
MÜNNERSTADT
KG 2011

Ein 1957 an die Berufsfeuerwehr München gelieferter Pionierwagen präsentiert sich auf der linken Abbildung. Er besitzt das Fahrgestell des F Jupiter, das mit luftgekühltem Achtzylinder-Dieselmotor mit 170 PS Leistung ausgerüstet war. Der Aufbau dieses später als Rüstwagen (RW) 2 bezeichneten Feuerwehrwagens erfolgte von Magirus. Anfang der siebziger Jahre wurde dieses schwere Fahrzeug an die Feuerwehr Münnerstadt veräußert, wo es auch im Juni 1987 noch im aktiven Dienst zu finden war.

Mit der umfangreichen technischen Beladung war das Fahrzeug in der Lage, größere Hilfeleistungen durchzuführen. Bei der österreichischen Feuerwehr Villach zählte im März 1985 ein Rüstkranwagen (RKW) 10 zum Einsatzbestand, der im Jahre 1959 von dieser Wehr beschafft worden war. Das oben abgebildete Fahrzeug ist auf dem F Jupiter A (Allrad-Fahrgestell) aufgebaut und mit einer um 360° drehbaren, in das Dach eingelassenen Krananlage von 10 t Tragfähigkeit ausgerüstet. Dieser Kranwagentyp wurde erstmals 1951 auf dem damals als S 6500 bezeichneten Fahrgestell angeboten. Zu der Zeit betrug die Leistung des Krans nur 7 t, die später, den steigenden Anforderungen entsprechend, auf 10 t Hubkraft gesteigert wurde. Die Villacher Wehrmänner waren mächtig stolz auf ihren schweren Boliden und erzählten, daß er während seiner Dienstzeit in bereits 1710 Einsätzen seinen Mann gestanden habe.

Im Jahre 1962 löste bei Magirus-Deutz die Fahrgestell-Generation der Eckhauber die bisherigen Rundhauber-Modelle im Feuerwehr-Fahrzeugbau ab. Diese neuen Modelle sollten – zusammen mit den Mercedes-Benz-Kurzhaubertypen – fast ein Jahrzehnt Feuerwehrfahrzeug-Geschichte in Deutschland mitgestalten. Erst die Ende der sechziger Jahre allgemein eingeführten Frontlenker-Modelle brachten die Produktionseinstellung der Eckhauber. Die letzten Feuerwehrfahrzeuge auf diesen im deutschen Lastwagenbau letzten Haubenwagen wurden – soweit feststellbar – im Jahre 1972 geliefert. Die in großen Stückzahlen produzierten Eckhauber waren bei sehr vielen Wehren des Bundesgebietes vertreten und sind auch heute noch vielerorts in den Einsatzbeständen anzutreffen, obwohl deren Anzahl im Schwinden begriffen ist. Geräteaufbau und Mannschaftskabinen wurden von den Rundhaubermodellen unverändert übernommen, Motorhaube und Kotflügel hingegen eckig, mit verrundeten Kanten ausgeführt. Auf diesen Seiten zwei Standardfahrzeuge der Feuerwehren: Oben ein 1965 auf dem Magirus-Deutz F 150 D 10-Fahrgestell aufgebautes LF 16 der Feuerwehr Leer/Ostfriesland, das im August 1985 fotografiert wurde. Das rechte Foto zeigt das ebenfalls 1965 gebaute TLF 16 auf dem Allradfahrgestell F 150 D 10 A der Feuerwehr Minsen bei Jever, gleichfalls im August 1985 aufgenommen. Beide Fahrzeuge befanden sich, trotz 20 Dienstjahren, in einem nahezu neuwertigen Pflege- und Erhaltungszustand.

Notruf
FEUERWEHR
112
64-10
FREIWILLIGE FEUERWEHR
MINSEN
DEUTZ
FRI E 641

Die ersten ausschließlich mit Allradantrieb versehenen Eckhauber erschienen bereits 1953 im Magirus-Deutz-Lieferprogramm. Grund für diese Neuentwicklung waren die Schwierigkeiten der Rundhauber im Gelände, die diese Belastungen infolge starker Verwindungen der in einem Stück gefertigten Haube nicht bestanden. Ab 1957 wurden die allradgetriebenen Löschfahrzeuge des Katastrophenschutzes auf diese Fahrgestelle aufgebaut. Darüber hinaus aber fanden Eckhauber-Fahrgestelle im Feuerwehr-Fahrzeugbau bis zum Jahre 1962 nur selten Verwendung, denn Löschfahrzeuge waren – im Gegensatz zu in täglich harten Baustelleneinsätzen stehenden Lastwagen – doch nicht diesen extremen Belastungen ausgesetzt, so daß die runde Haube in Verbindung mit Allradantrieb verwendet werden konnte. Zu den Ausnahmen zählte die auf dem schweren S 6500 A-Fahrgestell aufgebaute DL 30 h (hydraulischer Leiterantrieb), die im Jahre 1958 an eine Natoarmee geliefert wurde. Drehleitern mit Allradantrieb zählen bei den Feuerwehren zu den ganz seltenen Ausnahmen. In den siebziger Jahren wurde die Leiter außer Dienst gestellt und an die Feuerwehr Dolhain in Belgien verkauft. Dort leistete der Wagen im März 1984 noch gute Dienste. Die rechte Aufnahme hingegen führt uns nach Deutschland zur Feuerwehr Groß-Gerau, wo im März 1982 eine 1964 auf dem Magirus-Deutz-F-150-Mercur-Fahrgestell aufgebaute DL 30 h zum Fahrzeugbestand gehörte. Es ist ungewöhnlich und selten, daß Drehleitern mit Vorbaupumpen – wie bei diesem Fahrzeug – ausgestattet wurden.

MAGIRUS-DEUTZ
FREIWILLIGE FEUERWEHR
GROSS-GERAU
GG 2620

TroTLF 16 sowie TroLF verschiedener Leistungsgrößen wurden ebenfalls auf Eckhauber-Fahrgestellen errichtet. Hierfür wurden in der Regel die Allrad-Fahrgestelle Magirus-Deutz F 150 D 10 A oder D 11 A genommen, die mit dem luftgekühlten Sechszylinder-Dieselmotor F 6 L 714 mit 150 PS Leistung bei 2300 U/min ausgerüstet waren. Das links abgebildete TroTLF 16 wurde von Magirus aufgebaut und an die Feuerwehr Paderborn geliefert. Das Feuerwehrfahrzeug wurde auf dem 11-t-Allrad-Fahrgestell D 11 A errichtet und stand im Mai 1988 bei dieser Wehr im Dienst. Das hier gezeigte Trocken-Tanklöschfahrzeug ist zur Aufnahme einer Löschstaffel (1+5 Mann) eingerichtet und verfügt neben einem Wasserbehälter von 1800 l Inhalt über eine 750 kg fassende Trockenlöschanlage. Eine Feuerlöschkreiselpumpe FP 16/8 vervollständigt die Ausstattung. Ein TroLF 2000 (früher war die Bezeichnung Pulverlöschfahrzeug – PLF – gebräuchlicher), aufgebaut auf dem Fahrgestell F 150 D 10 A, ist rechts zu sehen. Das 1967 von der Schweizer Feuerwehr Zofingen beschaffte Fahrzeug besitzt einen Löschpulvervorrat von 2000 kg und eine Werferkanone auf dem Dach des Geräteaufbaus, den die Firma Total erstellt hatte. Dieser Löschfahrzeugtyp ist zur Bekämpfung von Flüssigkeits- und Gasbränden besonders geeignet. Aufgenommen wurde dieses Sonderfahrzeug im August 1985.

Feuerwehr 118
ZOFINGEN
19 67
4
DEUTZ
AG 20002

Auch die ursprünglich für die Feuerwehren des Landes Niedersachsen entwickelten TLF 16-T, deren Ausrüstung und Eigenschaften bereits im Bildtext der Rundhauber-Version näher beschrieben wurde, fertigte man nach Einführung der Eckhauber ebenfalls auf diesen Fahrgestellen. Üblich war bei diesen Fahrzeugen der Allradantrieb für Geländefahrten. TLF 16-T wurden teilweise auch von Wehren anderer Bundesländer beschafft, das Hauptverbreitungsgebiet aber blieb Niedersachsen. Von den unverwüstlichen Fahrzeugen dieser Generation leisten auch heute noch manche bei Wehren kleinerer Gemeinden gute Dienste. Das links gezeigte TLF 16-T von 1963 wurde im August 1985 bei der Feuerwehr Westerstede bei Oldenburg angetroffen. Das Fahrgestell ist das des F 150 Mercur A.

Für Spezialeinsätze der Polizei wurde der Wasserwerfer W 4 auf dem Eckhauber-Fahrgestell 150 Mercur entwickelt. Mit diesen Geräten, die manchen Teilnehmern von weniger friedlich verlaufenden Demonstrationen sicherlich in unangenehmer Erinnerung geblieben sind, konnten 4000 l Wasser über zwei in Drehtürmen auf dem Dach der Staffelkabine angebrachte Wendestrahlrohre verspritzt werden. Der Wasserstrahl hatte eine Normalreichweite von 40 m. Im Polizeieinsatz betrug die Besatzung vier Mann. Nach dem Ausscheiden der Fahrzeuge aus dem Polizeidienst gelangten einige Exemplare in den Besitz von Feuerwehren. Diese Sonderfahrzeuge waren wegen ihres großen Wasservorrats und des geringen Umbauaufwandes sehr begehrt. Besonders in Schleswig-Holstein ist sicher auch heute noch so mancher Wagen anzutreffen. Hier ein bei der Feuerwehr Heiligenhafen im August 1985 fotografiertes Fahrzeug.

Auf diesen Seiten werden zwei Spezialfahrzeuge auf Eckhauber-Fahrgestellen vorgestellt. Der linke Wagen, der auf dem Magirus-Deutz-Allradfahrgestell F 150 D 10 A aufgebaut wurde, ist nicht von Magirus erstellt, sondern im Jahre 1967 vom Aufbauhersteller Ziegler gebaut worden. Schon auf den ersten Blick ist die von der Magirus-Linie abweichende Karosseriegestaltung, vor allem im Bereich der Frontscheibe, zu erkennen. Der RW (Rüstwagen) Öl kommt zum Einsatz bei Austritt wassergefährdender Stoffe (Mineralölprodukte), die im eingebauten Tank aufgenommen und transportiert werden. Das mit Staffelkabine ausgeführte Fahrzeug, das über eine Vorbau-Seilwinde verfügt, war im Oktober 1984 bei der Feuerwehr Horb/Neckar beheimatet. Die Abbildung gegenüber zeigt einen 1964 auf dem Mercur-120-AE-(Allrad)-Fahrgestell aufgebauten Schlauch/Rüstwagen der Flughafenfeuerwehr Düsseldorf. Der geräumige Kastenaufbau, der mittels Rolläden zugänglich ist, wurde von der Firma Kroll gefertigt. Der mit dem Standard-Lkw-Fahrerhaus ausgeführte Wagen ist mit einem luftgekühlten Antriebsaggregat von 7412 ccm Hubraum und 120 PS Leistung ausgerüstet. Das Fahrzeug entspricht nicht der Norm. Heute ist der im Juli 1981 fotografierte Wagen schon lange ausgesondert.

FLUGHAFEN
DÜSSELDORF
10
D DX 883

Für den Dienst auf Militär- und Zivilflughäfen wurden schon immer besonders leistungsfähige Löschfahrzeuge benötigt, die in der Lage sein mußten, große Löschmittelmengen zu transportieren. Die Bundeswehr und andere Natoarmeen beschafften ab ca. 1958 sogenannte »Feuerlösch-Kfz 4500/450« in größeren Stückzahlen. Die allradgetriebenen Fahrzeuge führten 4500 l Wasser und 450 l Schaummittel mit, waren mit einer Feuerlösch-Kreiselpumpe FP 32/8 (Leistung 3200 l Wasser/min) und einem auf dem Dach angeordneten Wasserwerfer, Plexiglassichtkuppel und Vorbau-Seilwinde ausgerüstet. Der von Magirus erstellte Aufbau erfolgte auf dem schweren Magirus-Deutz-S-6500-A-Fahrgestell. Nach Außerdienststellung bei den Streitkräften gelangten manche Fahrzeuge bei zivilen Feuerwehren zum Einsatz. Der oben gezeigte Wagen wurde 1959 gebaut und im Juni 1983 bei der Feuerwehr Wagenfeld aufgenommen. Als straßenunabhängige Gelände-TLF fanden diese Fahrzeuge gerade in den weitläufigen Wald- und Heidegebieten Niedersachsens gute Verwendung. Von 1966 stammt das rechts abgebildete Zumischer-Fahrzeug ZB 6/24 des Flughafens Bremen, das ebenfalls im Juni 1983 fotografiert wurde. Das mit einem luftgekühlten 200-PS-Diesel versehene Fahrzeug beförderte 5500 l Wasser und 500 l Schaummittel und war damit zum einen als Ergänzungsfahrzeug zu einem schnellen Vorausfahrzeug gedacht, konnte aber auch als TLF mit der eingebauten Schnellangriffseinrichtung selbständige Löschangriffe ausführen. Heckseitig war eine FP 24/8-Pumpe eingebaut.

6
FLUGHAFEN BREMEN
DEUTZ

Auf der Basis des schweren Eckhauber-Fahrgestells Magirus-Deutz F Jupiter A (6 × 6) wurden nach Einstellung der Fertigung von Rundhaubern Anfang der sechziger Jahre auch noch eine Zeitlang Rüstkranwagen (RKW) 10 gefertigt. Geräteaufbau und Krananlage wurden unverändert vom Vormodell übernommen. An dieser Stelle soll noch erwähnt werden, daß der Antrieb der Kranbewegungen und des Spills nicht hydraulisch, sondern noch elektromotorisch erfolgte. Die Fertigung dieses Typs lief etwa 1963 aus, nachdem dem Vernehmen nach 26 Fahrzeuge, zum Teil auch für den Export, produziert worden waren. Mit dem Aufkommen leistungsfähigerer Kranfahrzeuge sah man von der Beschaffung dieser recht kostspieligen Sonderfahrzeuge ab. Das oben gezeigte Exemplar wurde im Jahre 1962 von der Berufsfeuerwehr Lübeck beschafft, Ende der siebziger Jahre aber an die Feuerwehr Wiesmoor abgegeben, bei der das vorzüglich instand gehaltene Fahrzeug im August 1985 im Einsatz angetroffen wurde. Aus dem schweren Dreiachs-Kranwagen KW 15, dessen erstes Exemplar 1956 an die BF Stuttgart geliefert wurde, entstand 1961 durch Steigerung der Hubkraft der Krananlage der KW 16. Diese zu jener Zeit gewaltigen Kranfahrzeuge waren mit ihrer um 360° schwenkbaren hydraulischen Krananlage und dem 15-t-Spill bei vielfältigen Hilfeleistungen einsetzbar und bis Mitte der sechziger Jahre nahezu ohne Konkurrenz. Aufgebaut ist der rechts gezeigte, seit 1962 bei der Remscheider Feuerwehr im Dienst stehende KW 16 auf dem Magirus-Deutz-Fahrgestell-250 D 25 A, dessen Zwölfzylindermotor 250 PS leistete. Aufnahmedatum April 1988.

Feuerwehr
112
FREIW. FEUERWEHR
GRUBWEG

Zum Abschluß der in diesem Buch vorgestellten Feuerwehrfahrzeuge auf Magirus-Deutz-Fahrgestellen sollen auf diesen Seiten nochmals zwei auf schweren Eckhaubern aufgebaute und nicht alltägliche Sonderfahrzeuge abgebildet werden. Das linke Fahrzeug, errichtet auf dem 200 D 16 A-Allrad-Fahrgestell von Magirus-Deutz, ist ein GW 3, der 1965 an die Berufsfeuerwehr Berlin geliefert wurde. Das Fahrzeug, das im Juli 1983 beim Löschzug Grubweg der Feuerwehr Passau fotografiert werden konnte, ist wohl ein Einzelstück und eine Rarität, weil der Aufbau von Metz gefertigt wurde. An anderer Stelle wurde bereits erwähnt, wie selten Fremdaufbauten auf Magirus-Deutz-Fahrgestellen erstellt wurden. Trotzdem gab es immer wieder solche Einzelstücke, die zu den von Fahrzeugliebhabern begehrten Besonderheiten zählen. Der schwere Gerätewagen verfügt, neben einer Vorbauseilwinde, auch über eine umfangreiche Ausstattung mit technischem Gerät, die das Fahrzeug auch zu größeren Hilfeleistungen befähigt. Oben eine Schweizer Spezialität – ein 1966 von Magirus gebautes FLF 24 mit Sonderausstattung. Der auf dem gleichen Fahrgestell aufgebaute und bei einem Flugzeugwerk beheimatete Wagen transportiert einen Wasservorrat von 3000 l und zusätzlich 1000 l Schaummittel. Das Gesamtgewicht beträgt 14,9 t. Dieses imposante Fahrzeug konnte im August 1985 fotografiert werden.

Erwin
Stockmann
Feuerwehr
Stadt Hornberg
112
WOL D 284

Die Bremer Carl F. W. Borgward GmbH konnte auf eine lange Tradition in der Nutzfahrzeugherstellung zurückblicken. Aufgrund der einheitlichen Typenbeschränkungen, die vor dem Beginn des Zweiten Weltkrieges durch den Schell-Plan in Kraft gesetzt wurden, durfte Borgward nur drei leichtere Lastkraftwagenmodelle in den Nutzlastklassen bis 3 t produzieren. Im Feuerwehrbereich kam Borgward mit diesen Modellen nicht zum Zuge. Das änderte sich erst in der Nachkriegszeit, als im Jahre 1952 das 2-t-Fahrgestell des Borgward B 2000 und 1954 das des B 2500 der Kundschaft vorgestellt wurden. Besonders letztgenanntes wurde in recht ansehnlichen Stückzahlen für leichtere Feuerwehrfahrzeuge, vorzugsweise für LF und TLF 8, verwendet. Auf diesen Seiten zwei Löschgruppenfahrzeuge LF 8 mit Metz-Aufbauten, die – zu unterschiedlichen Zeiten gebaut – in der Aufbaugestaltung stark voneinander abweichen. Oben ein 1953 gebautes Fahrzeug, das in der damals aktuellen Omnibuslinie gestaltet worden war. Der vorzüglich gepflegte Wagen stand im Februar 1988, mit einer Gesamtkilometerleistung von 7500 nach 35 Dienstjahren, bei der Werksfeuerwehr der Firma Schunk in Heuchelheim/Hessen noch im Einsatz. Das mit einem Vierzylinder-60-PS-Diesel motorisierte Fahrzeug konnte eine Höchstgeschwindigkeit von 75 km/h erreichen. Links ein allradgetriebenes 1960 gebautes LF 8-TS auf dem B 522 A/O-Fahrgestell (neue Bezeichnung des B 2500 ab 1959), das die Feuerwehr Hornberg/Schwarzwald noch im Juli 1983 einsetzte.

Freiw. Feuerwehr
Engeln Scholen
Weseloh
SY-Z 214

Der Borgward B 2500 war bis 1956 nur als Dieselfahrzeug mit einem Vierzylinderaggregat mit 3308 ccm Hubraum und 60 PS Leistung lieferbar, die der Motor bei 2600 U/min erbrachte. Danach war auch eine Sechszylinder-Vergaserausführung mit 2337 ccm Hubraum und 82 PS bei 4000 U/min zu erhalten. Für den Feuerwehrbereich wurde die Vergaserversion wegen der besseren Beschleunigung bevorzugt. Sie konnte das Fahrzeug auf ca. 85 km/h bringen. Hier zwei Fahrzeuge, die Anfang der achtziger Jahre noch im Einsatzdienst standen. Beide Wagen sind mit Allradantrieb ausgeführt; zu beachten ist die im Gegensatz zur Straßenversion kürzere Motorhaube, die ein verändertes, insgesamt gedrungeneres Erscheinungsbild der Fahrzeuge ergab. Links ein B 522 A/O (O = mit Otto bzw. Vergasermotor) als Löschgruppenfahrzeug LF 8 mit angebauter Vorbaupumpe. Das Fahrzeug wurde 1959 von der Karosseriefirma Buschmann/Hoya aufgebaut und an die niedersächsische Feuerwehr Engeln geliefert, wo es im Juni 1983 noch im Einsatz stand.
Oben ein ähnliches, bereits 1958 noch unter der alten Typenbezeichnung B 2500 A gebautes Fahrzeug der Aufbaufirma Graaff/Elze. Dieses LF 8-TS wurde im Mai 1982 beim Löschzug Steinbach der Feuerwehr Ottweiler/Saar fotografiert.

Feuerwehr
112
Freiw. Werkfeuerwehr
Bareuther-A.G.
Waldsassen

Hier präsentieren sich zwei weitere Löschgruppenfahrzeuge LF 8 auf Borgward 2,5-t-Allrad-Fahrgestellen, erstellt von der Feuerwehraufbau-Firma Ziegler in Giengen. Schon an anderer Stelle wurde betont, daß die Produkte der einzelnen Aufbau-Firmen jeweils ihre eigene Note besaßen und sich äußerlich mehr oder weniger stark voneinander unterschieden. Beide Fahrzeuge sind mit der 82-PS-Vergasermaschine, Vorbaupumpen FP 8/8 und als LF 8-TS (mit eingeschobener Tragkraftspritze) ausgebildet. Links im Bild ein B 522 A/O von 1959, das im Juni 1987 bei der Werksfeuerwehr Bareuther Porzellan in Waldsassen im Einsatz stand. Diese Ziegler-Version besitzt noch die bis 1959 produzierte geteilte Frontscheibe. Die letzte Ziegler-Ausführung des LF 8 (gebaut bis zur Einstellung der Borgward-Produktion 1961) ist auf der Abbildung rechts zu sehen. Dieses 1961 gefertigte LF 8-TS, das im Mai 1984 bei der Feuerwehr Ilbershausen/Hessen angetroffen wurde, besaß eine durchgehende Frontscheibe. Erwähnenswert die beiden seitlichen Lüftungsschlitze der Motorhaube, die seit 1960 der besseren Belüftung wegen im Typ B 522 zum Einbau gelangten.

Landkreis Wittmund
WTM 209

Bis auf ganz wenige Ausnahmen wurden für Feuerwehren in der 2,5-t-Gewichtsklasse nur allradgetriebene Fahrgestelle des B 2500 A bzw. B 522 A verwendet. Die leichten Allrad-Fahrgestelle von Borgward waren zu jener Zeit auf dem Nutzfahrzeugmarkt fast ohne Konkurrenz, denn die in der Gewichtsklasse in Frage kommenden Mitbewerber Hanomag, Ford und vor allem Opel boten für den Feuerwehrbereich nur Fahrgestelle in normaler Straßenausführung an. Besonders Feuerwehren ländlicher Gegenden, die oftmals Einsätze abseits der Straßen und Wege fahren mußten, waren die Hauptabnehmer dieser Fahrzeuge. Die Aufnahme auf der linken Seite zeigt ein weiteres LF 8-TS auf dem B 522 A/O-Fahrgestell. Der Feuerwehrwagen, der über den seltenen Bierstedt-Aufbau verfügt, wurde 1960 gebaut und im Februar 1983 bei der Feuerwehr Esens-Holtgast als Einsatzfahrzeug angetroffen. Bierstedt-Aufbauten waren nur im Regionalbereich Niedersachsens vertreten. Daß Borgward-Fahrgestelle vor allem in Norddeutschland recht stark verbreitet waren, war auch auf die Nähe zum Herstellerwerk zurückzuführen. Aber auch in das übrige Deutschland und ins Ausland, besonders nach Österreich, lieferte Borgward Fahrgestelle für Feuerwehraufbauten. Oben ein von Rosenbauer erstelltes LLF (Leichtes Löschfahrzeug) auf B 2500 A-Fahrgestell, geliefert 1958 an die österreichische Feuerwehr Kirchberg a. d. Raab. Das LLF, welches von der Norm her mit dem deutschen LF 8 vergleichbar ist, verfügt über eine Vorbaupumpe und wurde im April 1984 fotografiert.

Recht verbreitet waren auch in den fünfziger Jahren Tanklöschfahrzeuge (TLF) 8 auf den Borgward-Allrad-Fahrgestellen B 2500 A bzw. ab 1959 B 522 A. Diese Bauart, sozusagen eine verkleinerte Ausführung des TLF 16-T mit reduziertem Wasservorrat und geringerer Pumpenleistung, wurde vor allem von ländlichen Wehren in Niedersachsen beschafft, die diese leichten und wendigen Allradfahrzeuge zur Brandbekämpfung im Gelände, abseits von Straßen und Wegen, gut gebrauchen konnten. Die Firma Borgward war zu jener Zeit der nahezu einzige Anbieter von leichten Allrad-Fahrgestellen in Deutschland; entsprechend viele Tanklöschfahrzeuge gelangten zur Auslieferung. Anfang der achtziger Jahre waren noch recht viele TLF 8 bei den Wehren im Einsatz. Mit etwas Glück kann man teilweise selbst heute noch diese Fahrzeuge bei kleineren Wehren auffinden. Oben ein von Graaff aufgebautes TLF 8 auf dem B 522 A/O-Fahrgestell, das 1959 geliefert wurde. Anfang Januar 1982 befand sich der Wagen – mit einem Kilometerstand von 14417 auf dem Tacho – beim Löschzug Obenende der Feuerwehr Papenburg im Einsatzdienst. Ein gleiches, im Jahre 1960 von Ziegler gebautes Fahrzeug wird rechts gezeigt. Dieser gut gepflegte Feuerwehrwagen leistete der Feuerwehr Klein-Meckelsen noch im August 1985 gute Dienste.

Freiwillige Feuerwehr
Klein Meckelsen
ROW
Y 4411

Tanklöschfahrzeuge TLF 8 auf Borgward-Fahrgestellen wurden von praktisch allen westdeutschen Feuerwehraufbau-Firmen gefertigt. Recht selten und nur in wenigen Exemplaren hergestellt sind die auf diesen Seiten gezeigten Ausführungen von Arve und Buschmann. Beide Fahrzeuge sind 1960 gebaut und auf dem B 522 A/O-Fahrgestell erstellt. Das oben abgebildete, von der Firma Arve, Springe, aufgebaute Fahrzeug war im Januar 1982 bei der Feuerwehr Aurich, Löschzug Tannenhausen, stationiert. Dem Vernehmen nach nur in drei Exemplaren gebaut wurde die TLF 8-Version von Buschmann, Hoya, die auf der rechten Seite zu sehen ist. Bei der Waldbrandkatastrophe 1975 im östlichen Niedersachsen wurde ein Fahrzeug dieses Typs von den Flammen eingeschlossen und ging mit der gesamten Besatzung verloren. Ende der siebziger Jahre wurde ein weiteres Fahrzeug ausgesondert und verkauft. Somit ist das noch im Juni 1983 bei der Feuerwehr Reppenstedt bei Lüneburg im Einsatz befindliche Exemplar der letzte »Überlebende« dieser Gattung und wohl wert, nach Außerdienststellung restauriert erhalten zu werden.

Reppenstedter
Feuerwehrtage
4.–5. Juni 83
65 15
Samtgemeinde Gellersen
Freiw. Feuerwehr
Reppenstedt
LG-EK 653

Freiwillige Feuerwehr
Hörmsdorf
St 7.853

Borgward belieferte auch Anrainerstaaten mit Tanklöschfahrzeugen TLF 8. So auch das links gezeigte, 1961 von der österreichischen Feuerwehr Hörmsdorf/Steiermark in Dienst gestellte Fahrzeug. Der Feuerwehrwagen war mit einem Metz-Aufbau versehen worden. Den feuerwehrtechnischen Innenausbau besorgte die österreichische Firma Haberkorn. Dieser B 522 A/O, der in Österreich unter der Bezeichnung TLFA 2000 lief, verfügte neben einer Feuerlöschkreiselpumpe FP 8/8 (Leistung 800 l/min) über 2000 l Wasservorrat. Motorisiert war der im März 1985 noch im Dienst stehende Wagen mit einem Sechszylinder-Vergasermotor mit 82 PS Leistung, der das Fahrzeug eine Spitzengeschwindigkeit von 85 km/h erreichen ließ. Auffallend auch hier der sehr gute Pflegezustand des Fahrzeugs. Das Fahrzeug oben – ein von den Firmen Voll und Ziegler aufgebautes TLF 8 in der Zivilschutz-Ausführung – ist mit der Militärkabine ausgeführt und auf dem gleichen 2,5-t-Fahrgestell errichtet. Zu erwähnen wäre hier, daß den Aufbau die Firma Voll, Würzburg, besorgte, die Pumpe aber von Ziegler eingebaut wurde. Der im Jahre 1959 ausgelieferte Wagen befand sich im Juni 1981 bei der Feuerwehr Marl, Löschzug Berghossendorf, im Einsatzdienst.

Feuerwehr
112
FREIW. FEUERWEHR
1800 kg
2200 kg
MÜB 271

Bei der neugegründeten Bundeswehr kam Borgward ab 1955 in der leichten Klasse mit dem Kübelwagen B 2000 A/O zum Zuge. Dieser offiziell als Lkw 0,75 t gl (geländegängig) bezeichnete Typ wurde in der Version als offener neunsitziger Gruppenwagen auch von der Bereitschaftspolizei und vom Bundesgrenzschutz beschafft. Angetrieben wurde der B 2000 A/O von dem schon bekannten 82-PS-Sechszylinder-Benzinmotor. Die Höchstgeschwindigkeit des von 1955–61 gebauten Modells lag bei 95 km/h. Nach der Ausmusterung bei den Erstbesitzern gelangte so manches Fahrzeug an Feuerwehren zum Verkauf. Dort wurden diese preisgünstig abgegebenen leichten, allradgetriebenen Fahrzeuge – zumeist in Eigenleistung der Wehren – überwiegend zu Mannschaftstransportwagen (MTW), Tragkraftspritzenfahrzeugen (TSF) oder auch für andere Verwendungszwecke umgebaut und eingesetzt. Auch in den achtziger Jahren befanden sich noch viele Fahrzeuge, vor allem bei Wehren ländlicher Gemeinden, im Einsatz. Links ein 1957 gebautes und im April 1987 bei der Feuerwehr Stammbach/Frankenwald fotografiertes Exemplar, das sich in einem vorzüglichen Erhaltungs- und Pflegezustand befand. In wesentlich geringerer Stückzahl gab es auch den B 2000 A/O mit Pritschenaufbau. Der oben abgebildete Wagen wurde 1956 gebaut und im August 1985 bei der Feuerwehr Diepholz auf die Platte gebannt.

Die Bildfolge der auf Borgward-Fahrgestellen in Feuerwehrdiensten stehenden Fahrzeuge sollen zwei Exemplare, die mit Plane und Spriegel ausgestattet sind, beschließen. Beide Fahrzeuge wurden vermutlich vom Bundesgrenzschutz übernommen und in Eigenregie von den Wehren für den vorgesehenen Verwendungszweck umgebaut. Jedes Fahrzeug ist von der Art her ein Einzelstück und kommt mit Sicherheit in gleicher Ausführung im Bundesgebiet kein zweites Mal vor. Der oben gezeigte Feuerwehrwagen ist ein Borgward B 2500 A von 1954, der vom Löschzug Burg der Feuerwehr Herborn zu einem Mannschaftstransportwagen (MTW) umgerüstet wurde. Die Aufnahme entstand im Februar 1982, daher sind auf die Hinterräder Schneeketten aufgezogen, um auch bei schlechten Witterungsbedingungen beweglich sein zu können. Gegenüber ein etwas leichterer B 2000 A von 1955, den sich die Feuerwehr Massing zu einem Tragkraftspritzenfahrzeug umgebaut hatte. Die mitgeführte Ausrüstung bestand u.a. aus einer TS 8/8 und zusätzlich 400 m Schlauchvorrat sowie Geräten und Werkzeugen für verschiedene Zwecke. Das TSF, das bei der Wehr den Spitznamen »Kaiser Franz Josef« erhalten hatte, ist hinten mit Einfachbereifung ausgerüstet und wurde im September 1986 fotografiert. Beide Fahrzeuge entsprechen nicht den Feuerwehrnormen, erfüllen aber mit Sicherheit ihren Zweck.

Freiwillige Feuerwehr
Massing
Feuerwehr
112
EG-E 357

HMÜ-D 150

Ein weiterer Mitbewerber in der leichten Lkw-Nutzlastklasse war die Firma Hanomag, Hannover, mit dem 1950 neu vorgestellten Typ L 28. Dieser erste leichte Diesel-Lastwagen nach dem Kriege war in seiner ersten Ausführung für eine Nutzlast von 1,5 t ausgelegt. Die Formgebung der Motorhaube entsprach der damals üblichen, von amerikanischen Konstruktionen beeinflußten Linie. Der wassergekühlte Vierzylindermotor leistete anfangs 45, ab 1951 50 PS bei 2800 U/min und 2799 ccm Hubraum. 1952 und 1953 wurde das Programm zuerst um einen Zweitonner, später um eine 2,5-t-Ausführung erweitert. Letztere erbrachte bei ansonsten unveränderten Leistungsdaten 65 PS, die durch einen Lader erzielt wurden. Diese Version wurde auch für Feuerwehrfahrzeuge häufig verwendet. Links ein Löschgruppenfahrzeug LF 8-TS von 1957 mit Bachert-Aufbau, das mit einer Vorbaupumpe ausgerüstet ist. Dieses Fahrzeug befand sich im September 1981 bei der Feuerwehr Dransfeld bei Göttingen im Einsatz. Die Feuerwehr Brinkum bei Bremen hatte im Juni 1983 ein sogar noch älteres Exemplar, einen L 28 von 1954, im Dienst. Das LF 8-TS war von der Firma Buschmann, Hoya, aufgebaut worden und unterscheidet sich deutlich von der Bachert-Ausführung auf der linken Seite. Kurze Zeit später wurde dieser seltene Feuerwehrwagen leider außer Dienst gestellt und verkauft.

Freiw. Feuerwehr
Bomlitz
FAL-D 409

Das 2,5-t-L 28-Fahrgestell von Hanomag wurde – ähnlich wie die Fahrgestelle der Hauptkonkurrenten Opel Blitz 1,75 t und Borgward B 2500 – zeitweise in größeren Stückzahlen für LF 8-Aufbauten verwendet. Diese wurden von nahezu allen geläufigen, aber auch von weniger bekannten Feuerwehr-Ausrüsterfirmen erstellt. Der L 28 hatte ein zulässiges Gesamtgewicht von 5,2 t und war ca. 80 km/h schnell. Zwei sehr seltene Exemplare befinden sich auf diesen Seiten. Auf dem linken Bild ein von der Karosseriefirma Harmening, Bückeburg, 1954 aufgebautes LF 8-TS, das im September 1981 bei der niedersächsischen Feuerwehr Bomlitz im Einsatzdienst angetroffen wurde. Die bis zu diesem Zeitpunkt erbrachte Fahrleistung betrug genau 25 945 km – eine Leistung, die für Feuerwehrfahrzeuge, die normalerweise keine Langstreckenfahrten unternehmen, typisch war. Dem Autor begegneten viele Fahrzeuge, die – bei gleichem Alter – noch weitaus weniger Kilometer auf dem Tacho hatten. Oben eine weitere Rarität, ein LF 8, das im Jahre 1958 von der Firma Hering, Balve, für die Werksfeuerwehr VDM AG, Werdohl, gebaut wurde. Der prächtige Feuerwehrwagen stand im Februar 1982 noch im Dienst.

Unter der Bezeichnung L 28 G lieferte Hanomag Anfang der fünfziger Jahre das Fahrgestell eines Kübelwagens, das insbesondere als offener Mannschaftstransportwagen (MTW) mit Gruppenbesatzung für die Bereitschaftspolizei verwendet wurde. Die Fahrzeuge verfügten über ein Faltverdeck nach der Art eines Cabriolets. Den Aufbau besorgte – soweit feststellbar – ausschließlich oder überwiegend die Karosseriefirma Hebmüller wie beim oben gezeigten Wagen, der 1951 entstand. Wie viele ältere, bei Behörden und anderen Dienststellen des Bundes ausgesonderte Fahrzeuge, kamen manche Exemplare später in den Besitz von Feuerwehren. Der hier gezeigte, bei der Feuerwehr Herschfeld ebenfalls als MTW verwendete Wagen stand im Juli 1984 dort noch im Einsatz. Das Foto auf der gegenüberliegenden Seite zeigt nochmals ein auf dem L 28-Fahrgestell von Metz 1954 erstelltes LF 8, das einen Mittenpumpenanschluß besitzt, der verschiedentlich, besonders von süddeutschen Wehren geordert wurde. Der vorzüglich gepflegte Wagen, der sich im September 1988 beim Ettlinger Feuerwehrtreffen bei bestem Sonnenlicht der Kamera präsentierte, stand bis vor einiger Zeit beim Löschzug Spöck der Feuerwehr Stutensee bei Karlsruhe im Dienst und befindet sich nun in Privathand.

Freiwillige Feuerwehr
Gemeinde Spöck
Feuerwehr
112
LÖ HD 161

11-24
Freiw. Feuerwehr
Garßen
HANSEAT
Kurier
CE-CD 474

Ende 1958 stellte Hanomag seine erste Frontlenkerkonstruktion – den 2-t-Typ »Kurier« – dem Publikum vor. Dieses formal sehr gelungene neue Modell besaß in der Ausführung der sechziger Jahre einen Vierzylinder-Dieselmotor mit 2799 ccm Hubraum und 60 PS Leistung, die bei 3000 U/min erreicht wurde. Damit erreichte der »Kurier« 80 km/h Höchstgeschwindigkeit. 1959 erschienen mit dem 2,5-Tonner »Garant« und 1960 mit dem 3,2-Tonner »Markant« die nächsten Glieder in der neuen Lastwagen-Modellreihe, die damit die bisherigen Haubentypen komplett abgelöst hatten. Auch für Feuerwehraufbauten – in erster Linie für Löschgruppenfahrzeuge LF 8 – wurden die Fahrgestelle verwendet. Die Produktion war aber im Vergleich zu den Hauptmitbewerbern, den Mercedes-Benz-Typen L 319 bzw. L 408, recht unbedeutend. Besonders von der Firma Arve, Springe, wurden verschiedene Fahrzeuge, vor allem für niedersächsische Wehren, erstellt. Links ein LF 8 auf »Kurier«-Fahrgestell von 1966, das im September 1981 dem Löschzug Garßen der Feuerwehr Celle angehörte. Einen »Markant« als LF 8-TS gleichen Baujahrs konnte der Autor im August 1984 bei der Feuerwehr Rethem/Weser antreffen. Dieser Typ war mit dem stärksten Antriebsaggregat dieser Frontlenkerreihe – mit einem 80-PS-Diesel mit 3331 ccm Hubraum – motorisiert.

Zwei Sonderfahrzeuge auf Hanomag-Fahrgestellen präsentieren sich dem Betrachter auf diesen Seiten. Oben im Bild ein handelsüblicher Lkw vom Typ »Markant«, Baujahr 1962, der im Oktober 1981 bei der Werksfeuerwehr der Prosper Bergbau AG Niederrhein, Bottrop, als Lkw und Gerätewagen im Dienst stand. Dieser Typ war zu jener Zeit noch mit der 70-PS-Maschine mit 2780 ccm Hubraum ausgestattet, die diese Leistung bei 2800 U/min erbrachte. Später erhöhte man – wie bereits erwähnt – die Motorleistung des 3,2-Tonners auf 80 PS. Eine große Seltenheit und sicherlich nur als Einzelstück gebaut ist das TroLF 750 auf dem Hanomag-»Garant«-Fahrgestell von 1965. Das Trocken-Löschfahrzeug, ausgerüstet mit einer 750-kg-Pulveranlage der Firma Total, Ladenburg, wurde seinerzeit von der Feuerwehr Gernsheim/Rhein beschafft. Die Aufnahme dieses ebenfalls mit einer 70-PS-Maschine versehenen Feuerwehrwagens gelang dort im April 1982.

TOTAL
Stadt Gernsheim
HANOMAG
Garant
GG 2586

Wegen der Nähe zur Hannoveraner Firma Hanomag erstellte die Feuerwehr-Ausrüsterfirma Arve, Springe, eine ganze Reihe unterschiedlicher Feuerwehraufbauten auf diesen Fahrgestellen. Im Jahre 1970 wurde das oben gezeigte LF 8-TS auf dem Allrad-Fahrgestell des Hanomag A-L 28 gebaut, das im August 1982 bei der Feuerwehr Beilstein/Westerwald fotografiert werden konnte. Die Allradversion des L 28 ergänzte ab 1955 das Hanomag-Programm. Der 2,5-Tonner besaß die Vierzylinder-70-PS-Maschine und erhielt 1963 eine neue, kantige Haube und ähnlich gestaltete Fahrerkabine. Bei diesem Feuerwehrwagen ist der Mannschaftsraum – ähnlich wie bei den Magirus-Eckhaubern des Zivilschutzes – im Geräteaufbau untergebracht. Rechts die Arve-Ausführung des TLF 8, aufgebaut auf gleichem Fahrgestell und ausgerüstet mit einer Vorbaupumpe FP 8/8. Das Fahrerhaus dieses 1964 gebauten Wagens ist noch in der ursprünglichen Ausführung gehalten. Eigentümerin war im März 1983 die niedersächsische Feuerwehr Salzhemmendorf.

Gott zur Ehr, dem
Nächsten zur Wehr
Freiwillige Feuerwehr
Salzhemmendorf
HANOMAG
HM-CU 183

FREIW. FEUERWEHR
KADELBURG
HANOMAG
HENSCHEL
WT-CT 90

Im Frühjahr 1967 löste die neuentwickelte F-Reihe die bisherigen Frontlenkermodelle Kurier, Garant und Markant bei Hanomag ab. Diese sehr fortschrittlichen Lastwagentypen gab es in verschiedenen, im Baukastensystem entwickelten Versionen unterschiedlicher Nutzlasten und Motorleistungen. Für den Feuerwehrbereich besonders interessant war das Modell F 46, das für 2,15 t Nutzlast bei einem Gesamtgewicht von 4,4 t ausgelegt war und über einen 80-PS-Dieselmotor verfügte. Auf diese Fahrgestelle baute vor allem die Firma Bachert Löschgruppenfahrzeuge LF 8 in relativ großen Stückzahlen auf, die auch heute noch des öfteren bei den Feuerwehren anzutreffen sind. Der links abgebildete, 1973 gebaute Wagen gehörte im Oktober 1984 zum Bestand des Löschzuges Kadelburg der Feuerwehr Küssaberg an der Schweizer Grenze. In kleiner Serie produzierte Arve ein TLF 8 mit Rosenbauer-Pumpe auf dem gleich starken Typ F 55, der sich durch eine auf 2,68 t angehobene Nutzlast unterschied. Das abgebildete Exemplar stammt von 1968 und konnte im März 1984 bei der Feuerwehr Dorstadt fotografiert werden. Ende 1973 wurde die Produktion der F-Reihe – Hanomag war zusammen mit der Firma Henschel mittlerweile von Daimler-Benz übernommen worden – eingestellt.

M·A·N
DIESEL
635
WW 251
Freiw. Feuerwehr
Rennerod

Der Maschinenfabrik Augsburg-Nürnberg (MAN) gelang es erst mit der 1955 vorgestellten neuen Kurzhauber-Generation, einen Einbruch in den Markt für Feuerwehrfahrzeuge zu erzielen. Zuvor waren auf den schweren MAN-Fahrgestellen nur ganz vereinzelt Drehleitern mit großen Steighöhen aufgebaut worden, die überwiegend für den Export bestimmt waren. Bekannt geworden sind aus dieser Zeit auch der von der Berufsfeuerwehr Nürnberg beschaffte Metz-RKW 10 auf dem Fahrgestell des MAN 758 L 1 und eine 1956 gelieferte DL 30. Beide Fahrzeuge sind heute noch erhalten. Erst als sich einige ab 1958 von der BF Berlin beschaffte Kurzhauber LF und TLF 16 bewährt hatten, entschlossen sich auch andere Wehren, MAN-Fahrgestelle für ihre Feuerwehrfahrzeuge zu ordern. 1961 erweiterte man das Programm und gesellte zu dem bisher angebotenen Typ 415 H mit 115 PS das Modell 635 H, das über ein leistungsstärkeres Aggregat verfügte. Das linke Bild zeigt ein Tanklöschfahrzeug TLF 16 auf MAN 635 HA-LF-Fahrgestell, das Ziegler im Jahre 1964 an die Feuerwehr Rennerod/Westerwald lieferte. Zwanzig Jahre später, im März 1984, konnte der Wagen bei dieser Wehr fotografiert werden. Oben ein von Bachert 1963 aufgebautes TLF 16-T auf MAN 415 HA-LF, aufgenommen im August 1985 bei der Feuerwehr Löningen.

ERIAG
ERDÖLRAFFINERIE
INGOLSTADT AG
M·A·N
DIESEL
IN-L 326

Im Jahre 1965 wurde mit der Vorstellung des neuen, leistungsstärkeren, für 4 t Nutzlast ausgelegten Typs 450 H das MAN-Programm nochmals erweitert. Dieses 150 PS leistende Modell verwendete man aber nur für Feuerwehraufbauten. In den sechziger Jahren waren es in erster Linie die Firmen Ziegler und Bachert, die MAN-Fahrgestelle mit Feuerwehraufbauten versahen. Metz lieferte zu dieser Zeit, da durch Kooperationsvertrag an Daimler-Benz gebunden, mit Ausnahme von Drehleitern nur ganz vereinzelt Feuerwehrfahrzeuge auf MAN-Basis. Neben den Standard-Löschfahrzeugen LF und TLF 16 wurden auch Sonderlöschfahrzeuge auf MAN-Fahrgestellen erstellt. Links ein TroLF 2000, aufgebaut 1969 von Metz, mit Minimax-Pulveranlage auf dem MAN H-LF-Fahrgestell. Dieser Feuerwehrwagen befand sich im April 1985 bei der Werksfeuerwehr der Raffinerie Eriag, Ingolstadt, im Einsatzdienst. Gleichen Baujahrs und Fahrgestells ist das mit Bachert-Aufbau und Rolläden versehene LF 16-TS, das im März 1982 dem Fahrzeugbestand der Feuerwehr Kempten/Allgäu angehörte.

Auf MAN-Fahrgestellen wurden, wie bereits erwähnt, auch Drehleitern geordert. Hierfür wurde aber aus Gewichtsgründen vorzugsweise das ab 1957 lieferbare Fahrgestell mit 5 t Nutzlast 520 L 1 verwendet, das mit einem 120-PS-Diesel motorisiert war. Soweit bekannt, baute ausschließlich die Karlsruher Firma Metz Drehleitern auf MAN-Fahrgestellen auf. Ab 1961 wurde der Typ 520 L 1 unverändert unter der neuen Typenbezeichnung 520 H angeboten. Neben den schon genannten Städten Nürnberg und Berlin bestellten in den sechziger Jahren auch andere, zumeist größere Wehren Drehleitern auf MAN-Fahrgestellen. Rechts eine im Jahre 1962 an die Berufsfeuerwehr der Stadt Wilhelmshaven gelieferte Metz-DL 30 mit hydraulischem Leiterantrieb, aufgebaut auf MAN 520 HLF. Als der Leiterwagen im August 1985 fotografiert wurde, besaß er bereits eine neue auffällige Lackierung. Wahrscheinlich ein Einzelstück ist die im Dezember 1983 beim Löschzug Materborn der Feuerwehr Kleve abgelichtete DL 18 h, die Metz auf dem MAN 415-Fahrgestell errichtete und die links zu sehen ist. Das Fahrzeug ist insofern ungewöhnlich, als für DL 18 normalerweise ein leichteres Fahrgestell verwendet wird.

M·A·N
DIESEL
520
WHV·204

Der Militärlastwagen MAN 630 L 2 A wurde in der Zeit von 1957–1972 in Tausenden Exemplaren von vielen Armeen der Natostaaten, vor allem aber von der Bundeswehr, beschafft. Dieser robuste, allradgetriebene Lastkraftwagen war lange Zeit der Standard-MTW der Bundeswehr, wurde aber auch für andere Verwendungszwecke, z.B. mit Einheitskofferaufbauten, verwendet. Er besaß einen Sechszylinder-130-PS-Vielstoffmotor und hielt sich sehr lange bei den Streitkräften. Ausgemusterte Fahrzeuge gelangten später vereinzelt in Feuerwehrdienste wie dieser oben abgebildete, im September 1981 bei der Feuerwehr Celle fotografierte Einsatzleitwagen (ELW) 3, der 1960 gebaut worden war. Da der Einheitskoffer als Aufbau weiterverwendet werden konnte, waren nur relativ geringe Eigenleistungen, die sich auf den Innenausbau beschränkten, erforderlich. Diese wurden durch die Celler Feuerwehr erbracht. Das Bild gegenüber zeigt einen auf dem 150 PS-MAN-450-Fahrgestell von Bachert aufgebauten Gerätewagen (GW) 2-Öl, Baujahr 1966. Der Feuerwehrwagen verfügt über eine Vorbauseilwinde und war im Oktober 1984 beim Löschzug Kirchhellen der Feuerwehr Bottrop stationiert.

M·A·N
DIESEL
450
BOT - 251
Feuerwehr
Stadt-Kattrop
Feuer-Unfall
Notruf
112

Feuerwehrfahrzeuge auf Fahrgestellen des Kasseler Lastwagenherstellers Henschel gehörten zu den Ausnahmen im Feuerwehrfahrzeugbau. Ähnlich wie die Feuerwehr der Stadt Essen mit ihrer Hausmarke Krupp beschaffte die Berufsfeuerwehr Kassel Feuerwehrfahrzeuge auf Henschel-Basis, die vor allem von Metz und Bachert aufgebaut wurden. Darüber hinaus orderten nur ganz wenige Wehren diese Außenseiter. Deshalb ist es nicht verwunderlich, daß die meisten der noch in den achtziger Jahren im Bundesgebiet angetroffenen Henschel-Feuerwehren früher einmal in Kassel beheimatet waren. Eine Ausnahme bildet das oben gezeigte, 1962 von Arve als Einzelstück aufgebaute LF 16, das auf dem Fahrgestell des Henschel HS 11 HAK (Haubenallradkipper) errichtet worden war. Der mit einem 132-PS-Sechszylinder-Diesel motorisierte Feuerwehrwagen gehörte noch im Februar 1988 dem Löschzug Nieder-Weisel der Feuerwehr Butzbach an, sollte aber in Kürze außer Dienst gestellt werden. Von der Feuerwehrschule Kassel erworben wurde der rechts abgebildete Henschel HS 95, den Metz im Jahre 1960 als LF 16 aufbaute. Unter der kurzen Haube arbeitete ein Sechszylinder-Dieselmotor mit 6126 ccm Rauminhalt, welcher 115 PS bei 2400 U/min leistete. Dieses Fahrzeug stand im Juni 1987 bei der Feuerwehr Otzberg-Hering ebenfalls noch im aktiven Einsatzdienst.

HENSCHEL
Feuerwehr
112
DA 6283

Notruf 118
LANGENTHAL
F 170
HANOMAG
HENSCHEL
BE·381

Zwei Einzelstücke auf Henschel-Frontlenker-Fahrgestellen sind auf diesen Seiten zu bewundern. Möglicherweise als Ausstellungs- und Versuchsfahrzeuge wurde Anfang der siebziger Jahre eine DL 30 h (hydraulischer Antrieb) von Metz sowie ein TLF 28/28 (Tanklöschfahrzeug mit der in der Schweiz üblichen hohen Pumpleistung von 2800 l/min und 2800 l Wassertankinhalt) von der Firma Ziegler in Zusammenarbeit mit dem Schweizer Feuerwehrausrüster Vogt auf Henschel-Frontlenker erstellt. Als Fahrgestelle fanden das des F 170 K-CH (für die Drehleiter) bzw. AK-CH (für das TLF) Verwendung. Beides sind Kipper-Fahrgestelle, wobei das TLF – wie die Bezeichnung »AK« verrät – über Allradantrieb verfügt. Das TLF wurde 1971, die Drehleiter 1972 gebaut. Beide Fahrzeuge wurden von der Schweizer Feuerwehr Langenthal erworben und versehen seitdem dort zuverlässig ihren Dienst. Diese Raritäten konnten im August 1985 auf dem Film festgehalten werden.

Im Jahre 1949 erschien mit dem sogenannten Transporter beim Volkswagenwerk Wolfsburg ein bisher unbekannter Nutzfahrzeugtyp auf dem Nachkriegsmarkt, der auch bei den Feuerwehren des In- und Auslandes weite Verbreitung finden sollte. Der unter dem Spitznamen »Bulli« bekannte Volkswagen wurde im Laufe der Zeit – trotz mancher Konkurrenz – zum unangefochtenen Marktführer dieser neuen Klasse. Die Motorleistung des luftgekühlten, im Heck eingebauten Vierzylinder-Boxermotors wurde von anfangs 25 auf 30 und ab 1960 auf 34 PS Leistung gesteigert. In der letzten Version erreichte der Transporter eine Höchstgeschwindigkeit um 100 km/h. Überwiegend wurden von den Feuerwehren Tragkraftspritzenfahrzeuge (TSF) geordert, die für kleine, wenig finanzstarke Wehren oftmals den ersten Schritt zu einem eigenen Motorfahrzeug bedeuteten. Erst die Transporter ermöglichten hier die Aussonderung vieler, zumeist von Traktoren und anderen Behelfsschleppfahrzeugen gezogenen Tragkraftspritzenanhängern. Ein von der Firma Massong, Frankenthal, 1958 an die Feuerwehr Dolsheim geliefertes TSF ist rechts zu sehen. Es wurde im Juli 1984 fotografiert. Nur sehr selten konnte man auch handbetätigte Drehleitern DL 10 oder 12 auf Fahrgestellen des VW-Transporters antreffen. Das oben gezeigte Exemplar erhielt 1963 eine Leiter der Firma Meyer, Hagen, und befand sich im August 1985 bei der Feuerwehr Wittingen im Dienst.

Freiw.
Feuerwehr
Dolsheim
AZ - 335

Ein 1961 gebauter handelsüblicher VW-Transporter mit Plane und Spriegel wurde von der Werksfeuerwehr der Firma Enka AG, Heinsberg, in Eigenarbeit zu einem Schlauchwagen (SW) 1000 umgerüstet. Dieser relativ preiswert und ohne allzu großen Umbauaufwand erstellte Feuerwehrwagen verfügte über eine Beladung von 775 m B- und 225 m C-Schläuchen und war für den vorgesehenen Verwendungszweck bei dieser Werksfeuerwehr völlig ausreichend. Bemerkenswert ist das auf einem sehr hohen Sockel auf dem Dach des Fahrerhauses aufgesetzte Blaulicht. Der Schlauchwagen befand sich im Oktober 1981 bei dieser Wehr im Einsatz. Personenwagen vom Typ VW 1200/1300 wurden schon frühzeitig von den Feuerwehren als Aufklärungs-, Einsatzleit- oder als sog. Brandmeisterwagen eingesetzt. Manche Fahrzeuge wurden nach Aussonderung von Dienststellen des Bundes oder anderen Institutionen übernommen. Den unten abgebildeten und 1974 gebauten VW Typ 1300 erwarb die Feuerwehr Hornberg/Schwarzwald von der Deutschen Bundespost. Die Aufnahme dieses Fahrzeugs entstand im Oktober 1984.

Die Fahrgestelle des Lkw-Herstellers Faun waren – außer mit einigen wenigen schweren Kranfahrzeugen – bei den Feuerwehren nur in den sechziger Jahren mit von Magirus aufgebauten Löschgruppenfahrzeugen LF 8 in etwas größeren Stückzahlen vertreten. Die Feuerwehraufbau-Firma Magirus, die bei LF 8 schon immer auf fremde Fahrgestelle angewiesen war, da ein eigenes Lastwagenfahrgestell dieser Gewichtsklasse im Programm fehlte, startete 1960 den Versuch, ein seit 1957 lieferbares, mit einem Deutz-Dieselmotor mit 64 PS Leistung ausgerüstetes leichtes Faun-Fahrgestell des Typs F 24 D/L für LF 8 am Markt einzuführen. Diese Fahrzeuge wurden bis 1965 gebaut, konnten sich aber nicht durchsetzen. Ähnlich erging es dem von 1965–1968 gebauten Nachfolgetyp F 24 DL/AF (mit Allradantrieb) mit seiner auf 90 PS gesteigerten Maschine, dem größere Erfolge ebenfalls versagt blieben. Beide Modelle besaßen eine Vorbaupumpe FP 8/8, die durch eine Klappe in der Fahrzeugfront zugänglich war. Oben ein 1963 an die Feuerwehr Rüthen geliefertes und im September 1983 aufgenommenes Fahrzeug. Unten hingegen ist das Nachfolgemodell, der Faun F 24 DL/AF, abgebildet. Den 1967 gebauten, bei der Feuerwehr Idstein stationierten Wagen entdeckte der Autor im Oktober 1983.